U0150166

游戏UI设计
设计UI
实训教程

滕 琴 张 骜　　　主 编
徐 燕 柳爱珠 汪 滢　副主编

电子工业出版社·
Publishing House of Electronics Industry
北京·BEIJING

图书在版编目（CIP）数据

游戏UI设计实训教程 / 滕琴, 张骜主编. -- 北京 :电子工业出版社, 2023.9

ISBN 978-7-121-46294-8

Ⅰ.①游… Ⅱ.①滕… ②张… Ⅲ.①游戏程序－程序设计－教材 Ⅳ.①TP317.6

中国国家版本馆CIP数据核字(2023)第172978号

责任编辑：陈晓婕

印　　刷：北京市大天乐投资管理有限公司

装　　订：北京市大天乐投资管理有限公司

出版发行：电子工业出版社

　　　　　北京市海淀区万寿路173信箱　邮编：100036

开　　本：787×1092　1/16　印张：16.75　字数：428.8千字

版　　次：2023 年 9 月第 1 版

印　　次：2023 年 9 月第 1 次印刷

定　　价：89.90元

凡所购买电子工业出版社图书有缺损问题，请向购买书店调换。若书店售缺，请与本社发行部联系，联系及邮购电话：（010）88254888，88258888。

质量投诉请发邮件至zlts@phei.com.cn，盗版侵权举报请发邮件至dbqq@phei.com.cn。

本书咨询联系方式：（010）88254161~88254167转1897。

前　言

随着游戏行业的日益发展，游戏界面设计越来越受到重视。作为游戏界面设计制作人员，能够熟练掌握游戏界面设计的流程和工具，将大大提升工作效率，降低游戏的开发成本和制作周期。

本书使用了游戏公司真实商业项目游戏产品界面作为案例，为了便于不同基础的读者学习，按设计制作难度，以单独项目的形式逐级划分为"设计制作游戏界面基础元素""设计制作游戏通用弹窗界面""设计制作游戏登录界面""设计制作游戏强化界面"4个项目。这4个项目内容及难度进阶如表1所示。

表1 项目内容及难度进阶

项目	任务	难度
项目一 设计制作游戏界面基础元素	任务一　设计制作登录界面"开始游戏"按钮 任务二　设计制作人物等级和星级图标 任务三　设计制作游戏界面道具图标	基础
项目二 设计制作游戏通用弹窗界面	任务一　设计游戏通用弹窗标题框和底框 任务二　设计制作游戏通用弹窗操作按钮 任务三　游戏通用弹窗界面资源整合与输出	进阶
项目三 设计制作游戏登录界面	任务一　设计制作游戏 Logo 文字标题 任务二　设计制作游戏 Logo 鎏金质感和背景 任务三　设计制作游戏登录界面功能图标	提高
项目四 设计制作游戏强化界面	任务一　设计制作游戏强化界面底框 任务二　设计制作游戏强化界面按钮 任务三　游戏强化界面资源整合	实战

本书特点

本书基于职业能力分析对接岗课赛证，梳理出38个职业能力点，按照工作开发流程项目导入实现任务驱动，设计四个项目和12个任务。每个项目介绍包括项目描述、项目需求、项目目标和项目导图，每个任务包括任务描述、任务目标、知识导入、任务实施、任务考核与评价、任务拓展等6部分，并通过项目总结和巩固提升来帮助读者进行巩固强化。教材体系编写思路体现逻辑关系，循序渐进将项目按照基础、进阶、提高和实战四大层级进行设计编排，从易到难，符合读者的认知规律。

立体化教学资源包

为了丰富读者的学习方式，增强读者的学习兴趣，本书配有立体化教学资源包。该资源包中提供了书中任务案例的相关素材和源文件，还提供了由游戏界面设计从业人员录制的基础知识和任务案例操作演示视频，读者可以通过扫描二维码使用这些数字化资源，直观形象地提升学习体验和操作技巧，并能够快速应用于实际工作中。

关于作者

本书由上海市第二轻工业学校滕琴、张骜主编，徐燕、柳爱珠、汪滢为副主编，浦晶晶、谢臻昊、周蔚、严峻等专业老师也参与了部分章节的编写工作。由于时间仓促，书中难免有错误和疏漏之处，希望广大读者朋友批评、指正，我们一定会全力改进，在以后的工作中加强和提高。

致谢

在此特别感谢完美世界教育科技（北京）有限公司提供的企业项目案例与技术指导，为本书的编写提供了大力支持。

编　者

职业能力分析表

使用对象	动漫与游戏制作及相关专业读者	建议课时	72 课时
学习目标	通过学习，掌握游戏界面设计的相关知识和技能，提升读者的自学及创新能力。	学习领域	本教材包括 4 个项目、12 个实训任务和 38 个职业能力点。

	项目导入	实训任务	课时分配	能力（知识）点
能够了解游戏界面设计的定义、功能及组成元素	项目一 设计制作游戏界面基础元素	任务一 设计制作登录界面"开始游戏"按钮	4 课时	绘制"开始游戏"按钮草稿 绘制"开始游戏"按钮的纹理和高光 制作"开始游戏"按钮的纹理和花纹
具有获得资源、分析资源的能力		任务二 设计制作人物等级和星级图标	4 课时	设计制作人物等级图标 设计制作人物星级图标
能够熟知按钮、图标和弹窗的设计流程		任务三 设计制作游戏界面道具图标	4 课时	绘制草稿并填充固有色 绘制道具图标的初步光影 绘制道具图标的精细光影
具有积极的学习态度和创新意识	项目二 设计制作游戏通用弹窗界面	任务一 设计制作游戏通用弹窗标题框和底框	12 课时	绘制游戏底框草稿 为游戏底框草稿上色 绘制游戏底框花纹与高光 输入游戏底框标题文字 绘制游戏底框背景
能够熟知游戏界面文件的输出格式、尺寸和命名规范		任务二 设计制作游戏通用弹窗操作按钮	4 课时	绘制游戏弹窗操作按钮底框 绘制游戏弹窗操作按钮花纹 制作游戏弹窗按钮立体效果
具有关注用户体验的能力		任务三 游戏通用弹窗界面资源整合与输出	4 课时	整合底框和操作按钮 输出弹窗界面素材
能够完成通用弹出界面的设计制作	项目三 设计制作游戏登录界面	任务一 设计制作游戏 Logo 文字标题	8 课时	制作游戏 Logo 文字标题 编辑游戏 Logo 文字标题 绘制游戏 Logo 文字草稿 制作游戏 Logo 文字特效
具有良好的审美眼光		任务二 设计制作游戏 Logo 鎏金质感和背景	4 课时	制作文字鎏金效果 绘制游戏 Logo 背景花纹草稿 为游戏 Logo 背景花纹填色
能够完成游戏通用弹窗操作按钮的设计制作		任务三 设计制作游戏登录界面功能图标	4 课时	设计制作"开始游戏"按钮 绘制"选择服务器框"按钮 绘制游戏 Logo 背景花纹颜色

职业能力	项目导入	实训任务	课时分配	能力（知识）点
具有较好的设计能力		任务一　设计制作游戏强化界面底框	8课时	强化界面布局分析与草稿绘制 强化界面底框绘制与上色 强化界面金边与纹理绘制
能够掌握游戏弹窗界面资源整合和输出的方法和技巧	项目四 设计制作游戏强化界面	任务二　设计制作游戏强化界面按钮	8课时	绘制返回按钮和帮助按钮 绘制角色名称图标 信息展示区排版设计 绘制强化界面功能按钮 设计制作道具图标
具备积极的工作态度		任务三　游戏强化界面资源整合	8课时	整合道具图标和资源图标 整合背景图和角色立绘

目 录

读 者 服 务

　　读者在阅读本书的过程中如果遇到问题，可以关注"有艺"公众号，通过公众号与我们取得联系。此外，通过关注"有艺"公众号，您还可以获取更多的新书资讯、书单推荐、优惠活动等相关信息。

扫一扫关注"有艺"

　　资源下载方法：关注"有艺"公众号，在"有艺学堂"的"资源下载"中获取下载链接。如果遇到无法下载的情况，可以通过以下 3 种方式与我们取得联系。

　　1. 关注"有艺"公众号，通过"读者反馈"功能提交相关信息。

　　2. 请发邮件至 art@phei.com.cn，邮件标题命名方式：资源下载 + 书名。

　　3. 读者服务热线：（010）88254161~88254167 转 1897。

　　投稿、团购合作：请发邮件至 art@phei.com.cn。

PROJECT

设计制作游戏界面基础元素

开始游戏

9

【项目描述】

本项目将完成3个游戏界面基础元素的设计制作。按照游戏界面元素制作难度，依次完成"设计制作登录界面'开始游戏'按钮""设计制作人物等级和星级图标"和"设计制作游戏界面道具图标"3个任务，最终的完成效果如图1-1所示。

"开始游戏"按钮

道具图标

人物等级和星级图标

图1-1 游戏界面基础元素

通过完成该项目的制作，帮助读者了解游戏界面设计的定义和作用；了解游戏界面组成元素和设计要点；熟知游戏界面的设计流程和方法；掌握游戏界面元素的输出规范和命名规范；并能够举一反三，将所学内容应用到其他游戏界面元素的设计中。

【项目需求】

根据研发组的要求，下发设计工作单，对界面设计的注意事项、制作规范和输出规范等制作项目提出详细的制作要求。设计人员根据工作单要求在规定的时间内完成3个界面元素的设计制作，工作单内容如表1-1所示。

表 1-1 某游戏公司游戏 UI 设计工作单

工作单							
项目名	设计制作游戏界面基础元素					供应商	
分类	任务名称	开始日期	提交日期	"开始游戏"按钮	人物等级和星级图标	道具图标	工时小计
UI	基础元素			2 天	3 天	3 天	

表 1-1 某游戏公司游戏 UI 设计工作单（续）

工作单		
备注	注意事项	遵循界面元素的设计制作流程；注意元素设计尺寸要符合界面规范；注意界面元素的设计风格要与界面整体协调统一
	制作规范	绘制按钮、图标时，一般要采用图标在界面中 100% 的尺寸绘制，也可以采用更大的尺寸绘制；人物等级和星级图标在页面中较为重要，要选择一种与主色调互补的颜色作为点缀色，起到突出重要图标的作用；道具图标在游戏界面中占用的空间较小，通常尺寸为 100 像素 ×100 像素。根据实际情况，有时还需要提供 50 像素 ×50 像素的缩小版本
	输出规范	界面元素应首先保存为 PSD 格式，以便二次修改；输出透底的 PNG 格式文件，供开发人员在开发的过程中使用

【项目目标】

本项目包括知识目标、技能目标和素养目标，具体内容如下。

● 知识目标

通过本项目的学习，应达到如下知识目标。

- 熟知游戏UI界面的定义。
- 熟记游戏界面的类型和组成元素。
- 熟知按钮、图标的功能和制作流程。
- 熟记游戏界面文件输出格式规范。
- 熟记游戏界面元素输出命名规范。

● 技能目标

通过本项目的学习，应达到如下技能目标。

- 能够完成游戏界面"开始游戏"按钮的制作。
- 能够使用"画笔工具"勾勒草稿和线稿。
- 能够使用图层样式添加投影。
- 能够按照不同元素的规定尺寸进行设计制作。

● 素养目标

通过本项目的学习，应达到如下素养目标。

- 培养学生的匠心精神。
- 通过入门级工作任务，激发学生的学习热情。
- 界面设计中运用了国风素材，帮助学生树立文化自信。
- 引导学生热爱并传承中国优秀传统文化。
- 在游戏设计中引导学生关注用户体验，彰显人文精神。

【项目导图】

本项目讲解设计制作游戏界面基础元素的相关知识内容，主要包括"设计制作登录界面'开始游戏'按钮"、"设计制作人物等级和星级图标"和"设计制作游戏界面道具图标"3个任务,任务实施内容与操作步骤如图1-2所示。

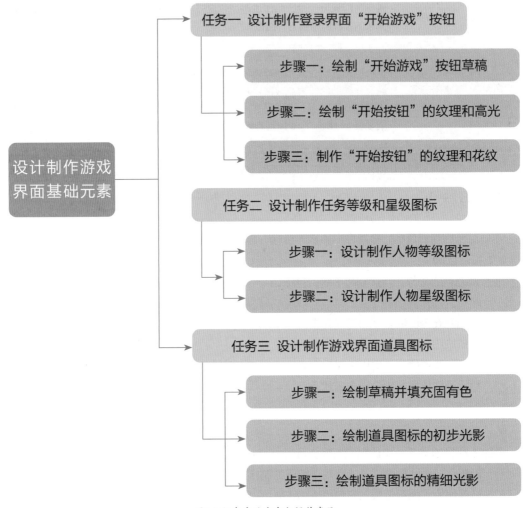

图1-2 任务实施内容与操作步骤

1.1 设计制作登录界面"开始游戏"按钮

1.1.1 【任务描述】

游戏登录界面中的"开始游戏"按钮设计得要醒目,但其醒目程度不能超过游戏Logo,其摆放的位置通常放置在界面靠下的中心位置,通常设计得较大、较醒目,以方便玩家点击。

本任务将完成《梦间集》游戏登录界面中"开始游戏"按钮的设计制作。按照实际工作中的制作流程,将制作过程分为绘制"开始游戏"按钮草稿、绘制"开始游戏"按钮的纹理和高光,以及制作"开始游戏"按钮的纹理和花纹3个步骤。完成后的"开始游戏"按钮效果如图1-3所示。

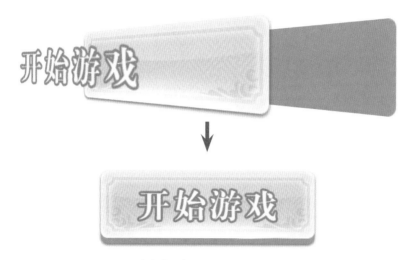

图1-3 登录界面中的"开始游戏"按钮效果

源 文 件	源文件 \ 项目一 \ 任务 1 \ 开始游戏 .psd	
素 材	素 材 \ 项目一 \ 任务 1	
主要技术	画笔工具、圆角矩形工具、钢笔工具、图层样式、剪贴蒙版、填充不透明度、横排文字工具	扫一扫观看演示视频

1.1.2 【任务目标】

知识目标	1. 熟知游戏 UI 界面的定义 2. 熟知游戏界面的功能及类型 3. 熟记游戏界面的组成元素 4. 熟知不同游戏界面的分类和特点
技能目标	1. 能够完成"开始游戏"按钮的设计制作
素养目标	1. 培养学生的审美能力和创新能力 2. 通过入门级工作任务，激发学生的学习热情

1.1.3 【知识导入】

1. 游戏界面的定义

界面（UI），即User Interface的简称，是指对软件的人机交互、操作逻辑、界面美观进行的整体设计。

游戏界面即游戏的界面交互设计，游戏界面设计是根据游戏特性，把必要的信息展现在游戏主界面、操控界面和弹窗界面上，通过合理的设计，引导用户进行简单的人机交互操作。游戏中除了游戏画面的所有内容都属于游戏UI的设计范畴。按照游戏界面的不同功能，可将界面划分为登录界面、主界面、操作界面、功能界面和三级界面，如图1-4所示。

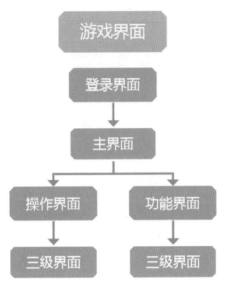

图1-4 游戏界面分类

- 登录界面

登录界面是玩家运行游戏后见到的第一个界面，其主要功能是用来展示游戏形象，将玩家引入游戏。当玩家点击登录按钮或者选择服务器按钮后，再点击进入游戏按钮，即可进入游戏内部。

图1-5所示为游戏《完美世界》的登录界面，它是玩家运行游戏后，在展示了游戏开发者Logo和一些版权信息后，显示的第一个与游戏有关的界面。

登录界面通常是一幅美轮美奂、非常漂亮的图片或者一个非常炫酷的动画，画面中通常会显示游戏的名称、几个登录按钮、必要的版权信息和健康游戏提示。

图1-5 游戏《完美世界》的登录界面

- 主界面

主界面是玩家在游戏中主要面对的界面，也是玩家能看到的时间最长的界面。它的主要功能是向玩家提供各种功能的接口，玩家可以根据自己的需求选择进入不同的功能界面，因此非常重要。

当玩家第一次进入游戏时，会面对一个新建角色的界面。完成角色的创建后，就可以进入游戏的世界。玩家遇到最多的、最常见的界面就是游戏的主界面，如图1-6所示。

图1-6 游戏主界面

　　游戏主界面几乎包含了游戏所有的功能接口，比如，点击左上角角色头像可以进入人物角色界面；点击左侧卷轴图标可以进入任务界面；点击右侧的图标，可以进入一些重要的功能界面。

● 操作界面

　　游戏操作界面是玩家操作游戏的界面。跑酷游戏、RPG游戏、探险游戏和休闲游戏等游戏类型都会有游戏操作界面，游戏操作界面中会提供各种各样与游戏操作相关的按钮，玩家通过点击这些按钮可以在游戏中游玩，体验游戏的乐趣。

　　玩家在操作角色游戏时，会切换到一个单独的界面中，这个界面就是游戏操作界面。有些游戏也会将主界面和操作界面合二为一。图1-7所示的游戏操作界面即为在主界面的基础上进行简单的切换得到的。

图1-7 游戏操作界面

　　玩家可以在操作界面中进行打怪、打Boss、升级和对战等操作。利用右下角的功能图标或技能图标可以完成游戏中大部分的操作。

● 功能界面

　　功能界面主要是从主界面的各种功能接口进入的，其主要目的是为玩家提供各种游戏的辅助功能。玩家可以通过点击主界面中的各种图标，进入相应的功能界面。单击主界面中的"技能"图标，玩家即可进入如图1-8所示的游戏技能功能界面。

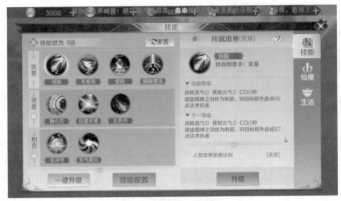

图1-8 游戏技能功能界面

点击"成就"图标，玩家即可进入游戏成就功能界面，如图1-9所示。点击"经验"图标，玩家即可进入游戏经验功能界面，如图1-10所示。

图1-9 游戏成就功能界面

图1-10 游戏经验功能界面

功能界面中会为玩家提供一些操作按钮，比如经验功能界面中的"加成"按钮、"自动精炼"按钮和"精炼"按钮等。玩家通过点击这些按钮可以进入三级界面。

● 三级界面

三级界面是功能界面的执行界面，通常是玩家操作的最后一个界面。玩家点击操作按钮，达到操作目的后，点击关闭按钮，即可返回上一级功能界面。

三级界面通常内容精简，面积也比较小。比如玩家进入"技能"界面或者"成就"界面时，可以通过点击一些功能图标，在打开的三级界面中进行有关技能或者成就的最终操作。操作完成后，可以返回上一级功能界面。图1-11所示为游戏的一个武器属性三级界面。

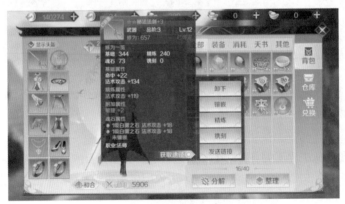

图1-11 武器属性三级界面

2. 游戏界面的组成元素

游戏界面由游戏按钮、游戏底框、游戏图标、游戏文字和装饰图案5种元素组成。下面以如图1-12所示的等级提升界面和游戏操作界面为例，分析游戏界面的组成元素。

图1-12 等级提升界面和游戏操作界面

● 游戏按钮

游戏按钮为玩家提供了操作接口。玩家可以通过点击等动作达到各种操作目的。比如点击操作界面中的各种技能按钮，游戏角色就可以释放技能，达到攻击敌人的目的，如图1-13所示。

图1-13 游戏按钮

● 游戏底框

通常情况下，游戏底框是指游戏界面的背景框，主要用来区分游戏界面功能和增强游戏界面的美观性。游戏底框也起到了承载界面内容的作用，图1-14所示的底框把界面中的主要内容框在一定范围内，方便玩家阅读。

图1-14 游戏底框

● 游戏图标

游戏图标一般为面积比较小、长宽比为1:1的方形或者圆形，用来展示游戏装备、道具和角色头像等内容信息，如图1-15所示。

图1-15 游戏图标

● 游戏文字

　　游戏中的文字属于游戏界面的实质内容，包括界面标题文字和正文文字两种。标题文字用来展示当前界面的标题和主要的界面信息，如图1-16所示。正文文字用来展示与当前界面相关的关键信息息内容，如图1-17所示。

图1-16 标题文字

图1-17 正文文字

● 装饰图案

　　装饰图案没有实质的作用，主要用来装饰和美化界面。通常包括界面装饰物和底框花纹两种。标题文字后面的圆形、云纹等装饰图案即界面装饰物，如图1-18所示。

图1-18 界面装饰物

1.1.4 【任务实施】

　　按照游戏界面按钮设计制作流程，由简入繁，将任务划分为绘制"开始游戏"按钮草稿、绘制"开始游戏"按钮的纹理和高光和制作"开始游戏"按钮的纹理和花纹3个步骤实施。图1-19所示为步骤内容和主要技能点。

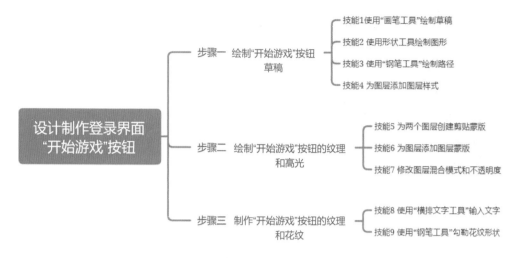

图1-19 步骤内容和主要技能点

步骤一 绘制"开始游戏"按钮草稿

步骤 01 执行"文件"→"新建"命令，新建一个400像素×200像素的文档，使用"画笔工具"绘制"开始游戏"按钮的轮廓草稿，如图1-20所示。使用比较轻的线条突出按钮文字的范围，如图1-21所示。

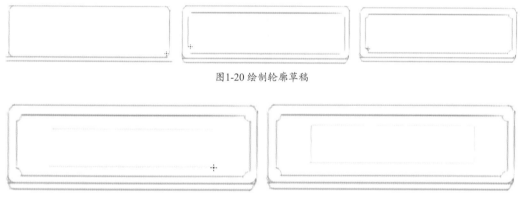

图1-20 绘制轮廓草稿

图1-21 突出按钮文字的范围

步骤 02 单击工具箱中的"圆角矩形工具"按钮，在选项栏中选择"形状"绘图模式，在画布中拖曳绘制一个圆角矩形，如图1-22所示。

图1-22 绘制圆角矩形

步骤 03 双击"圆角矩形 1"图层缩览图，修改"填充"颜色为#eb8787，并修改图层不透明度为16%，在"图层"面板中将其拖曳调整到"草稿"图层下方，"图层"面板如图1-23所示。

步骤 04 在"属性"面板中设置圆角矩形的圆角半径为9像素，如图1-24所示。圆角矩形效果如图1-25所示。

图1-23 "图层"面板

图1-24 设置圆角半径

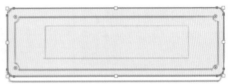
图1-25 圆角矩形效果

步骤05 单击工具箱中的"椭圆工具"按钮,在画布中拖曳绘制一个圆形,修改"椭圆 1"图层的不透明度为40%,效果如图1-26所示。单击工具箱中的"直接选择工具",选择路径锚点并删除,效果如图1-27所示。

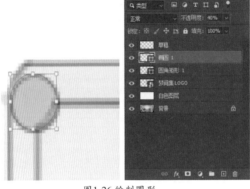

图1-26 绘制圆形

图1-27 删除部分路径

小技巧:

在使用形状工具拖曳绘制图形时,在光标右下角位置将显示当前绘制图形的坐标和尺寸,可以帮助用户绘制精确尺寸的图形。

步骤06 使用"路径选择工具"选中圆弧,按住【Alt】键的同时向下拖曳复制一个圆弧,效果如图1-28所示。单击鼠标右键,在弹出的快捷菜单中选择"垂直翻转"命令,将复制的圆弧移动到如图1-29所示的位置。

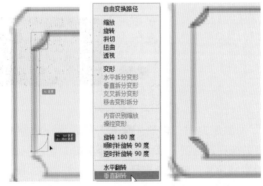

图1-28 拖曳复制圆弧 图1-29 移动垂直翻转后的圆弧

步骤07 单击"钢笔工具"按钮，将光标移动到顶部圆弧锚点位置，当光标变成 ♦。时，按住【Alt】键的同时单击，删除左侧控制轴，再次单击，如图1-30所示。

步骤08 将光标移动到复制圆弧的第一个顶点处，按住【Alt】键的同时单击连接两个锚点，效果如图1-31所示。

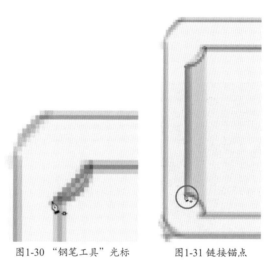

图1-30 "钢笔工具"光标　　　　　图1-31 链接锚点

步骤09 按住【Alt】键，使用"路径选择工具"向右拖曳复制形状，效果如图1-32所示。单击鼠标右键，在弹出的快捷菜单中选择"水平翻转"命令，并将翻转后的形状移动到如图1-33所示的位置。

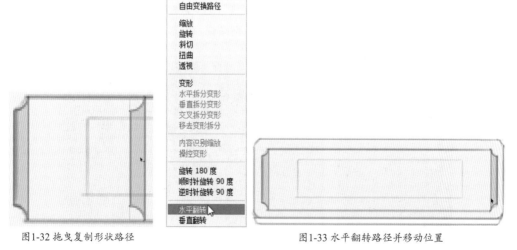

图1-32 拖曳复制形状路径　　　　　　图1-33 水平翻转路径并移动位置

步骤10 使用"钢笔工具"连接横向锚点，得到如图1-34所示的效果。将"图层"面板中的"草稿"图层隐藏，"图层"面板如图1-35所示。

图1-34 连接横向锚点

图1-35 隐藏"草稿"图层

步骤 11 使用"路径选择工具"选中"圆角矩形 1"图层，在选项栏中设置"描边"颜色为"无"，如图1-36所示。使用相同的方法，将"椭圆 1"图层的"描边"颜色设置为"无"，效果如图1-37所示。

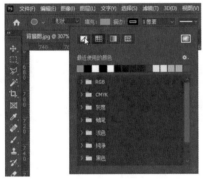

图1-36 设置"描边"颜色为"无"

图1-37 无描边图形效果

步骤 12 分别将"圆角矩形 1"图层和"椭圆 1"图层的图层名移修改为"按钮外边框"和"按钮内边框"，并修改图层不透明度为100%，"图层"面板如图1-38所示。

步骤 13 选择"按钮外边框"图层，单击"图层"面板底部的"添加图层样式"按钮，在打开的下拉列表框中选择"渐变叠加"选项，弹出"图层样式"对话框，设置各项参数，如图1-39所示。

图1-38 "图层"面板

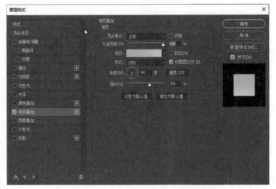

图1-39 设置"渐变叠加"样式各项参数

步骤 14 选择左侧的"内发光"复选框，设置"内发光"样式的各项参数，如图1-40所示。单击"确定"按钮，图形效果如图1-41所示。

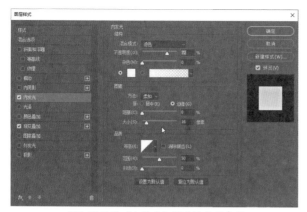

图1-40 设置"内发光"样式的各项参数

图1-41 图形"渐变叠加"和"内发光"效果

步骤15 选择"按钮内边框"图层,修改图层"填充"不透明度为0%,如图1-42所示。为该图层填充"描边"图层样式,设置"图层样式"对话框中的各项参数,如图1-43所示。

图1-42 设置图层"填充"不透明度

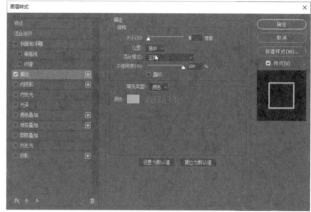

图1-43 设置"描边"样式的各项参数

步骤16 单击"确定"按钮,描边效果如图1-44所示。"图层"面板如图1-45所示。

图1-44 描边效果

图1-45 "图层"面板

步骤17 新建一个图层组,将"按钮内边框"图层拖曳到新建的图层组中,如图1-46所示。为该图层组添加"外发光"图层样式,设置"图层样式"对话框中的各项参数,如图1-47所示。

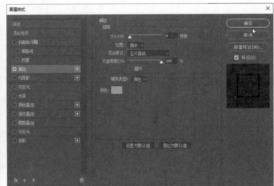

图1-46 新建图层组　　　　　　图1-47 设置"外发光"样式的各项参数

提示：

　　在图层中添加"外发光"样式，只会沿图层外轮廓产生发光效果。将图层放置到图层组中并添加"外发光"样式，将沿图层内部和外部产生发光效果。

步骤18 单击"确定"按钮，外发光效果如图1-48所示。"图层"面板如图1-49所示。

图1-48 图层组外发光效果　　　　　　图1-49 "图层"面板

步骤二 绘制"开始游戏"按钮的纹理和高光

步骤01 执行"文件"→"置入嵌入对象"命令，将"按钮花纹.png"文件置入，效果如图1-50所示。按【Ctrl+T】组合键自由变换对象，调整大小和位置，使其覆盖在按钮上，如图1-51所示。

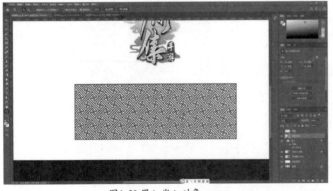

图1-50 置入嵌入对象　　　　　　　　图1-51 调整对象的大小和位置

步骤02 在"图层"面板中将"按钮花纹"图层拖曳调整到"按钮外边框"图层上方，并为"按钮外边框"图层创建剪贴蒙版，如图1-52所示。

步骤03 双击"按钮外边框"图层，在弹出的"图层样式"对话框中选项"将内部效果混合成组"复选框并取消选择"将剪贴图层混合成组"复选框，如图1-53所示。

 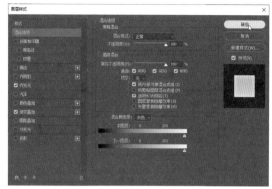

图1-52 创建剪贴蒙版　　　　　　　　图1-53 设置"图层样式"对话框

步骤04 单击"确定"按钮，按钮花纹剪贴蒙版效果如图1-54所示。修改"按钮花纹"图层的不透明度为3%，如图1-55所示，效果如图1-56所示。

图1-54 按钮花纹剪贴蒙版效果　　图1-55 设置图层不透明度　　　　图1-56 按钮花纹效果

步骤05 单击"图层"面板底部的"添加图层蒙版"按钮，为"按钮花纹"图层添加图层蒙版，如图1-57所示。按【E】键，设置选项栏中的"不透明度"为50%，使用"橡皮擦工具"在蒙版上的按钮边缘和边框上涂抹，获得渐隐的花纹效果，如图1-58所示。

图1-57 添加图层蒙版　　　　　　图1-58 添加蒙版后的花纹效果

步骤 06 新建一个名为"底部高光"的图层，如图1-59所示。设置前景色为#ffdf42，按【B】键，选择"柔边圆压力不透明度"笔刷并设置笔刷大小为50像素，在按钮底部绘制光晕，效果如图1-60所示。

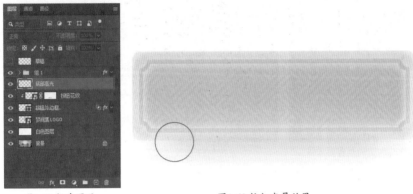

图1-59 新建图层   图1-60 按钮光晕效果

步骤 07 为"底部高光"图层与"按钮外边框"图层创建剪贴蒙版，如图1-61所示。修改"底部高光"图层的图层混合模式为"滤色"，按钮光晕效果如图1-62所示。

图1-61 创建剪贴蒙版   图1-62 按钮光晕效果

步骤 08 新建一个名为"底部高光2"的图层并为"按钮外边框"图层创建剪贴蒙版，"图层"面板如图1-63所示。设置前景色为#ffffff，使用"画笔工具"继续在按钮底部绘制高光，效果如图1-64所示。

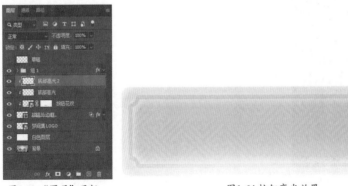

图1-63 "图层"面板   图1-64 按钮高光效果

步骤09 为了便于观察按钮效果，使用# 5c5c5c填充"白色图层"图层，效果如图1-65所示。新建一个名为"顶部高光"的图层，为"按钮外边框"图层创建剪贴蒙版，如图1-66所示。

图1-65 按钮底部高光效果　　　　　　　　图1-66 创建剪贴蒙版

步骤10 使用"椭圆工具"绘制一个如图1-67所示的椭圆形状。设置其"填充"颜色为白色，"描边"设置为"无"，如图1-68所示。

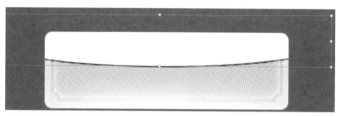

图1-67 绘制椭圆

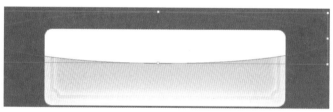

图1-68 设置椭圆的填充和描边

步骤11 修改"顶部高光"图层的图层不透明度为40%并为其添加图层蒙版，如图1-69所示。设置前景色为黑色，使用"画笔工具"在蒙版上进行绘制，制作顶部高光渐隐效果，如图1-70所示。

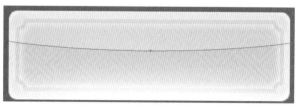

图1-69 添加图层蒙版　　　　　　　图1-70 顶部高光渐隐效果

步骤三 制作"开始游戏"按钮的纹理和花纹

步骤 01 将"草稿"图层显示出来。按【T】键，使用"横排文字工具"在画布上单击并输入文字，在"字符"面板中设置文字的各项参数，如图1-71所示。文字效果如图1-72所示。

图1-71 设置文字参数

图1-72 按钮文字效果

小技巧：

文字宽度要对齐矩形线条的左右两端时，不要通过添加空格实现，要通过设置字间距实现两端对齐效果。

步骤 02 为"按钮文字"图层添加"描边"图层样式，设置"图层样式"对话框中的各项参数，如图1-73所示。单击"确定"按钮，描边效果如图1-74所示。

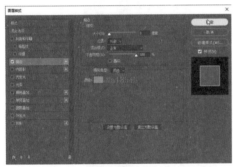

图1-73 "图层样式"对话框

图1-74 按钮文字描边效果

步骤 03 在"图层"面板中选中"草稿"图层，使用"画笔工具"在按钮左下角绘制花纹草稿，效果如图1-75所示。使用"钢笔工具"沿花纹草稿勾勒出花纹形状图形，如图1-76所示。

图1-75 绘制花纹草稿

图1-76 勾勒花纹形状图形

小技巧：

绘制花纹时，为了能与背景色形成清晰对比，便于区分绘制效果，可暂时将形状图形的填充颜色设置为对比强烈、效果明显的颜色。同时暂时修改图层的不透明度，以便观察绘制效果。

步骤 04 将"图层"面板中刚创建的所有形状图层选中，如图1-77所示。执行"图层"→"合并路径"命令或按【Ctrl+E】组合键，将选中的形状图层合并为一层，并修改图层不透明度为100%，图形效果如图1-78所示。

图1-77 选中图层   图1-78 形状图形效果

步骤 05 将形状图形的"描边"设置为"无"，"填充"颜色设置为#d58812，效果如图1-79所示。使用"路径选择工具"拖曳选中花纹，按住【Alt】键的同时向右拖曳复制并水平翻转，效果如图1-80所示。

图1-79 形状图形效果   图1-80 复制并水平翻转花纹

步骤 06 修改形状图层的名称为"花纹"，并将其拖曳到"组 1"图层组上方，修改图层不透明度为20%，"图层"面板如图1-81所示。隐藏"草稿"图层，效果如图1-82所示。

图1-81 "图层"面板   图1-82 按钮花纹效果

步骤 07 在"图层"面板中选择"按钮花纹"图层，使用"橡皮擦工具"在图层蒙版中涂抹，擦除与"花纹"图层重叠的部分，效果如图1-83所示。继续使用相同的方法，擦除右侧花纹堆叠部分，效果如图1-84所示。

图1-83 擦除花纹重叠部分

图1-84 擦除右侧与花纹重叠的部分

步骤08 选择"按钮外边框"图层，按【Ctrl+J】组合键复制图层，修改"按钮外边框"图层的名称为"按钮侧面"，"图层"面板如图1-85所示。执行"窗口"→"样式"命令，在打开的"样式"面板中选择"基础"样式下的"默认样式（无）"样式，如图1-86所示。

图1-85 "图层"面板

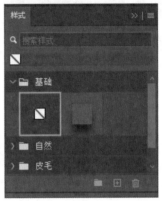
图1-86 清除图层样式

步骤09 设置"按钮侧面"图形的颜色为#c7933e，并使用"移动工具"向下移动到如图1-87所示的位置。新建一个名为"开始游戏"按钮的图层组，将所有与"开始游戏"按钮有关的图层移动到新建的图层组中，如图1-88所示。

图1-87 设置颜色并移动位置

图1-88 新建图层组

提示：

本任务制作完成的是为本书项目三中《梦间集》游戏登录界面中的"开始游戏"按钮。如果想进一步了解"开始游戏"按钮在整个界面中的作用，请参看本书项目三中的内容。

1.1.5 【任务考核与评价】

本任务使用Photoshop完成游戏界面中开始游戏按钮的设计制作，读者在学习过程中要掌握游戏界面设计的概念，理解游戏界面的分类及作用。完成本任务的学习后，需要对读者的学习效果进行评价。

● 评价点
· 界面结构是否合理，功能是否全面。
· 图层的"投影"样式是否添加。
· 界面中的各种元素是否对齐。
· 界面的立体感和颜色渐变是否协调。
· 界面底色暗纹是否自然，且与底色自然融合。

● 评价表
评价表如表1-2所示。

表 1-2 评价表

任务名称	设计制作登录界面"开始游戏"按钮	组别	教师评价	（签名）	专家评价	（签名）
类别	评 分 标 准					得分
知识	完全理解游戏界面设计的定义与分类，不同游戏界面的作用和设计要求，以及游戏界面不同组成要素的特点，并能灵活运用	15~20				
	基本理解游戏界面设计的定义与分类，不同游戏界面的作用和设计要求，以及游戏界面不同组成要素的特点	10~14				
	未能完全理解游戏界面设计的定义与分类，不同游戏界面的作用和设计要求，以及游戏界面不同组成要素的特点	0~9				
技能	高度完成设计制作登录界面开始游戏按钮，完整度高，设计制作精美，具有商业价值	40~50				
	基本完成设计制作登录界面开始游戏按钮，完整度尚可，设计制作美观，符合大众审美	20~39				
	未能完成完整的设计制作登录界面开始游戏按钮，设计制作不合理，作品仍需完善，需要加强练习	0~19				
素养	能够独立阅读，并准确画出学习重点，在团队合作过程中能主动发表自己的观点，能够虚心向他人学习并听取他人的意见及建议，工作结束后主动将工位整理干净	20~30				
	学习态度端正，在团队合作中能够配合其他成员共同完成学习任务，工作结束后能够将工位整理干净	10~19				

表 1-2 评价表（续）

类别	评分标准		得分
	不能够主动学习，学习态度不端正，不能完成既定任务	0~9	
总分		100	

1.1.6 【任务拓展】

完成本任务所学内容后，读者尝试分析如图1-89所示的游戏活动界面，在能够正确区分游戏界面中不同元素的同时，分别针对界面中不同组成元素的功能进行分析和阐述。

图1-89 游戏活动界面

1.2 设计制作人物等级和星级图标

1.2.1 【任务描述】

本任务将游戏强化界面中的人物等级和星级图标，按照实际工作流程分为设计制作人物等级图标和设计制作人物星级图标两个步骤，完成的最终效果如图1-90所示。

人物等级图标　　　　　　　　　　　　　　人物星级图标

图1-90 人物等级和星级图标

源 文 件	源文件 \ 项目一 \ 任务 2\ 人物等级和星级 .psd
素　材	素 材 \ 项目一 \ 任务 2
主要技术	画笔工具、圆角矩形工具、图层样式、橡皮擦工具、图层蒙版、图层样式

扫一扫观看演示视频

1.2.2 【任务目标】

知识目标	1. 熟知按钮、图标的功能和作用 2. 熟知按钮、图标的设计制作流程 3. 熟记弹窗界面的设计制作流程
技能目标	1. 能够使用"画笔工具"勾勒图标草稿 2. 学会为图层添加投影图层样式。
素养目标	1. 界面设计中运用国风素材，帮助学生树立文化自信 2. 引导学生热爱并传承中国优秀传统文化

1.2.3 【知识导入】

1. 按钮、图标的制作流程

制作按钮、图标可以分为打草稿、铺大色块、制作初步光影关系和刻画精细立体效果4个步骤，如图1-91所示。

打草稿 ▶ 铺大色块 ▶ 制作初步光影关系 ▶ 刻画精细立体效果 ▶

图1-91 按钮、图标的制作流程

● 打草稿

首先使用较细的黑色笔刷绘制潦草的草稿，通过团队讨论定稿后再对草稿进行细化，得到精确的线稿，如图1-92所示。

潦草的草稿　　　　　　　　　精确的线稿

图1-92 打草稿

● 铺大色块

使用选区工具创建选区后，使用较粗的笔刷为图像的主要组成部分填充底色，如图1-93所示。

● 制作初步光影关系

根据光源绘制图像的亮面和暗面，得到初具立体感的效果，如图1-94所示。

● 刻画精细立体效果

对初步效果进行细化，增加其立体感，添加底纹、光泽或者特效等细节，如图1-95所示。

图1-93 铺大色块　　　　　　　图1-94 制作初步光影关系　　　　　　图1-95 刻画精细立体效果

2. 弹窗界面制作流程

绘制弹窗界面分为需求分析、草稿和初稿、细化和定稿4个步骤，如图1-96所示。

需求分析　　草稿和初稿　　细化　　定稿

图1-96 弹窗界面制作流程

● 需求分析

设计师仔细阅读界面需求，理解线框图细节，了解项目背景和美术风格，如图1-97所示。

● 草稿和初稿

根据线框图绘制草稿，并根据项目美术风格铺上合适的底色，如图1-98所示。

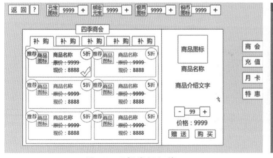

图1-97 理解线框细节　　　　　　　　　图1-98 铺上合适的底色

● 细化

对界面的光影效果进行细化，添加底纹、按钮和立体效果，如图1-99所示。

● 定稿

绘制界面装饰物、光效及必要的特效，完成界面的制作，最终效果如图1-100所示。

图1-99 细化界面

图1-100 界面最终效果

1.2.4 【任务实施】

为了便于读者学习，按照强化界面图标设计制作流程，由简入繁，将任务划分为设计制作人物等级图标和设计制作人物星级图标两个步骤实施。图1-101所示为步骤内容和主要技能点。

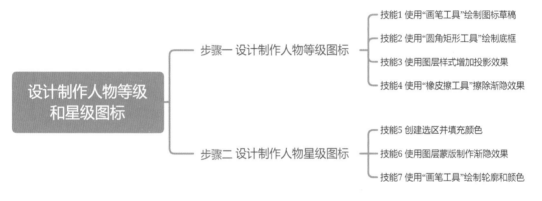

图1-101 步骤内容和主要技能点

步骤 01 选择"草稿"图层，使用"画笔工具"绘制如图1-102所示的线稿。继续使用"画笔工具"绘制与底框中云纹相似的云纹线稿，效果如图1-103所示。

图1-102 绘制线稿

图1-103 绘制云纹线稿

步骤 02 使用"圆角矩形工具"绘制一个圆角矩形像素图形并旋转一定的角度，得到如图1-104所示的效果。新建一个图层，复制圆角矩形并将其缩小，创建选区后，填充从#972c2e到#ca474d的线性渐变颜色，效果如图1-105所示。

项目一 设计制作游戏界面基础元素 **27**

图1-104 绘制圆角矩形　　　　　图1-105 复制圆角矩形并填充渐变颜色

提示：

　　页面中较为重要的部分，可以选择一种与主色调互补的颜色作为点缀色。点缀色可以增加界面的跳跃感，使整个界面看起来更丰富。注意，点缀色的数量不宜过多，面积也不宜过大。

步骤03 分别为两个圆角矩形图层添加"投影"图层样式，设置"投影"样式的各项参数，如图1-106所示。单击"确定"按钮，投影效果如图1-107所示。

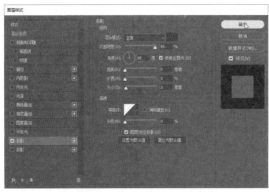

图1-106 设置"投影"样式的各项参数　　　　　图1-107 投影效果

步骤04 使用"横排文字工具"输入文字内容，如图1-108所示。新建一个名为"云纹"的图层，创建云纹选区并使用#e2ebfc颜色填充选区，效果如图1-109所示。

图1-108 输入文字内容　　　　　图1-109 绘制云纹

步骤05 使用"橡皮擦工具"在云纹边缘擦拭，绘制渐隐效果，如图1-110所示。锁定"云纹"图层透明区域，设置"前景色"为#607da5，使用"画笔工具"在云纹上涂抹，增加云纹的层次感，效果如图1-111所示。

图1-110 涂抹渐隐效果

图1-111 增加云纹的层次感

步骤 06 新建一个名为"花纹"的图层，设置"前景色"为#cfa996，使用"画笔工具"绘制如图1-112所示的花纹。新建一个名为"花纹2"的图层，使用"画笔工具"绘制白色花纹，效果如图1-113所示。修改"花纹2"图层的图层不透明度为15%，效果如图1-114所示。

图1-112 绘制花纹

图1-113 绘制白色花纹

图1-114 修改不透明度

步骤二 设计制作人物星级图标

步骤 01 新建一个名为"角色等级"的图层组，将相关图层拖曳到新建的图层组中，"图层"面板如图1-115所示。新建一个名为"底色"的图层，使用"矩形选框工具"参照草稿绘制矩形选框并填充底色，如图1-116所示。

图1-115 "图层"面板

图1-116 创建选区并填充底色

步骤 02 新建一个名为"上下彩条"的图层，使用"矩形选框工具"和"橡皮擦工具"绘制渐隐装饰条，效果如图1-117所示。新建一个名为"阴影"的图层，使用"画笔工具"绘制颜色为#3b6272的彩条阴影，效果如图1-118所示。

图1-117 绘制渐隐装饰条

图1-118 绘制彩条阴影

步骤03 新建一个名为"星级条"的图层组，将相关图层拖曳到新建的图层组中，如图1-119所示。为图层组添加图层蒙版，并使用黑色在蒙版中绘制渐隐效果，如图1-120所示。

图1-119 创建图层组

图1-120 创建渐隐效果

步骤04 新建一个名为"花朵"的图层，使用"吸管工具"吸取菱形图标的底色，使用"画笔工具"绘制花朵线稿，如图1-121所示。设置"前景色"为#822020，绘制花蕊，效果如图1-122所示。

步骤05 新建一个名为"花朵颜色"的图层，创建花朵选区并填充#fefced颜色，效果如图1-123所示。

图1-121 绘制花朵线稿

图1-122 绘制花蕊

图1-123 填充花朵颜色

步骤06 锁定"花朵颜色"图层透明选区，设置"前景色"为#da6b6d，使用"画笔工具"为花朵绘制颜色渐变效果，如图1-124所示。新建一个名为"花朵"的图层组，将"花朵"和"花朵颜色"图层拖曳到新创建的图层组中，"图层"面板如图1-125所示。

图1-124 绘制颜色渐变效果

图1-125 "图层"面板

步骤07 为"花朵"图层组添加"投影"图层样式，设置"投影"样式参数，如图1-126所示。单击"确定"按钮，投影效果如图1-127所示。

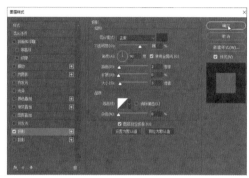
图1-126 "投影"样式参数

图1-127 投影效果

步骤08 按住【Alt】键，使用"移动工具"拖曳复制花朵并均匀分布和对齐，效果如图1-128所示。新建一个名为"角色星级"的图层组，将相关图层拖曳到图层组中，"图层"面板如图1-129所示。

图1-128 复制花朵

图1-129 "图层"面板

提示:

　　本任务完成的人物等级图标和星级图标为本书项目四中游戏强化界面中的按钮。如果想进一步了解人物等级图标和星级图标在整个界面中的作用，请参看本书项目四中的内容。

1.2.5 【任务考核与评价】

　　本任务使用Photoshop完成设计制作游戏界面人物等级和星级图标，完成本任务的学习后，需要对读者的学习效果进行评价。

- 评价点
- 花瓣上下堆叠关系是否正确。
- 花瓣颜色与层次是否正确。
- 花瓣上的高光棱角效果是否流畅、自然、层次清晰。
- 光影效果、光点效果大小是否合适，位置是否合适。
- 反光的颜色是否协调，位置是否合适。
- 阴影的浓淡是否合适，过渡是否自然。

- 评价表

评价表如表1-3所示。

表 1-3 评价表

任务名称	设计制作人物等级和星级图标	组别	教师评价	（签名）	专家评价	（签名）
类别	评 分 标 准					得分
知识	完全掌握游戏界面图标和按钮的设计流程，游戏弹窗界面的设计流程，以及游戏界面设计流程和技巧，并能灵活运用		15~20			
	基本掌握游戏界面图标和按钮的设计流程，游戏弹窗界面的设计流程，以及游戏界面设计流程和技巧		10~14			
	未能完全掌握游戏界面图标和按钮的设计流程，游戏弹窗界面的设计流程，以及游戏界面设计流程和技巧		0~9			
技能	高度完成设计制作人物等级和星级图标，完整度高，设计制作精美，具有商业价值		40~50			
	基本完成设计制作人物等级和星级图标，完整度尚可，设计制作美观，符合大众审美		20~39			
	未能完成完整的设计制作人物等级和星级图标，设计制作不合理，作品仍需完善，需要加强练习		0~19			
素养	能够独立阅读，并准确画出学习重点，在团队合作过程中能主动发表自己的观点，能够虚心向他人学习并听取他人的意见及建议，工作结束后主动将工位整理干净		20~30			
	学习态度端正，在团队合作中能够配合其他成员共同完成学习任务，工作结束后能够将工位整理干净		10~19			
	不能够主动学习，学习态度不端正，不能完成既定任务		0~9			
总分			100			

1.2.6 【任务拓展】

完成本任务所学内容后，读者尝试设计如图1-130所示的游戏等级图标。制作过程中要处理好不同图形间的层级关系，以及底层图形光影的表现。同时做好文件图层的管理工作，以便设计完成后的资源整合输出。

图1-130 游戏等级图标

1.3 设计制作游戏界面道具图标

1.3.1 【任务描述】

本任务将完成游戏界面中道具图标的绘制，按照实际工作流程分为绘制草稿并填充固有色、绘制道具图标的初步光影和绘制道具图标的精细光影3个步骤，游戏界面道具图标绘制效果如图1-131所示。

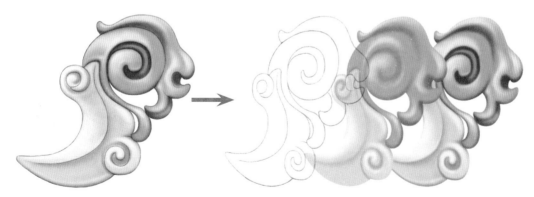

图1-131 游戏界面道具图标

源文件	源文件 \ 项目一 \ 任务 3\ 道具图标 .psd	
素材	素材 \ 项目一 \ 任务 3	扫一扫观看演示视频
主要技术	画笔工具、吸管工具、"拾色器"对话框、剪贴蒙版、盖印图层、存储文件、"存储为"命令	

1.3.2 【任务目标】

知识目标	1. 熟知游戏界面文件输出格式规范 2. 熟记游戏界面中不同元素的输出尺寸 3. 熟知游戏界面元素输出命名规范
技能目标	1. 能够使用"画笔工具"绘制高光和阴影 2. 能够使用九宫格切图法输出图片
素养目标	1. 培养学生的匠心精神 2. 在游戏设计中引导学生关注用户体验，彰显人文精神

1.3.3 【知识导入】

完成游戏界面的设计制作后，需要将界面中的元素单独输出并提供给开发人员使用，为了便于开发人员使用，减少不必要的沟通，设计师需要了解游戏文件输出格式规范、尺寸规范和命名规范。

1. 文件输出格式规范

在实际工作中，游戏开发使用的图片素材格式绝大多数都使用PNG和JPG两种格式。因此作为游戏界面设计师，完成游戏界面的设计工作后，要将界面素材输出为PNG或者JPG格式。

● 输出为PNG格式

PNG格式具备GIF格式支持透明度及JPG格式色彩范围广的特点，并且可包含所有的Alpha通道，采用无损压缩方式，不会损坏图像的质量。

游戏界面中如果需要使用透明背景的图片素材，可将图片存储为PNG格式。比如游戏Logo图片、底框图片、按钮图片、图标图片或者标题文字图片等。

在设计《诛仙》游戏Logo时，首先会新建一个500像素×500像素或者1000像素×1000像素的文档，单独设计游戏Logo。设计完成后，将图片缩小输出成背景透明的PNG格式，与界面其他元素合成，完成游戏登录界面的设计制作，如图1-132所示。

图1-132 将游戏Logo输出为PNG格式

提示：
    GIF格式是基于在网络上传输图像而创建的文件格式。它支持透明背景和动画，被广泛应用于因特网的HTML网页文档中。GIF格式压缩效果较好，但只支持8位的图像文件。

● 输出为JPG格式

JPG格式的图像通常用于图像预览。此格式的最大特色就是文件比较小，是目前所有格式中压缩率最高的格式。但是JPG格式在压缩保存时会以失真方式丢掉一些数据，因而保存后的图像与原图有所差别，没有原图像的质量好。印刷品最好不要用这种格式存储。

游戏界面中极少部分的图片素材是矩形的，不需要为其设置透底效果，可将图片存储为JPG格式，如游戏背景图片、卡牌图片等。图1-133所示为《梦间集》游戏登录界面和JPG格式背景图。

UI_bg.jpg

图1-133 游戏登录界面和JPG格式背景图

2. 文件输出尺寸规范

完成游戏界面设计后，输出界面中的图标、弹窗和按钮等元素时需要遵守一定的规范，以确保在游戏运行过程中正确显示。

● 文字、特殊弹窗按照原始尺寸输出

在设计游戏Logo、标题文字或特殊弹窗时，由于无法进行拉伸和压缩，通常采用原始尺寸或者高清的大尺寸设计。无论采用哪种尺寸设计，在输出时都会按照原始尺寸输出。

设计如图1-134所示的弹窗时，由于其外形比较复杂，无法输出为通用类型的弹窗。在输出时，可以将整个背景按照设计尺寸保存为透底的PNG格式，如图1-135所示。

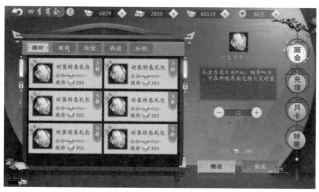
图1-134 游戏弹窗按照原始尺寸输出

图1-135 透底PNG格式

● 成套系的资源按照统一尺寸输出

属性相同的装备图标、道具图标、技能图标，以及外观相似、经常出现在同一类型界面中的按钮等，都属于成套系资源。不管设计的尺寸是多少，在输出时均采用统一的尺寸输出。

图1-136所示为一组游戏人物头像。设计师在设计这些人物时，由于年龄、身体、体重的问题，设计尺寸各不相同。但是如果要将这些人物全部输出为头像，则必须将这些人物缩放到大小一

致的尺寸，再裁切成一样的形状，按照要求输出为尺寸统一的文件。该组人物图像采用的输出尺寸为190像素×190像素。

图1-137所示为一组游戏技能图标。技能图标在游戏中会被套用在不同角色的技能面板中，设计技能图标时，会采用不同的尺寸设计，但在输出时必须严格将这些图标缩放到约定的尺寸，再存储为PNG格式图片。该组技能图标采用的输出尺寸为150像素×150像素。

图1-136 一组游戏人物头像　　　　　　　　图1-137 一组游戏技能图标

● **复用性弹窗按照九宫格尺寸输出**

游戏界面中有一种可以自由伸缩的复用性弹窗，它的长度和宽度可以根据界面内容自由拉伸。此类弹窗可以采用九宫格方式输出。首先将弹窗缩小到较小的尺寸，切出九宫格后交由开发人员指定当前九宫格图片的长度和宽度。

图1-138所示的界面中，底框的外形简单，底色为单色，只是在四角有一些花纹。对于这样的底框，可以采用九宫格方式输出。

图1-138 适用九宫格方式输出的底框

设计师首先将弹窗缩小为较小的版本，使用横竖4根线条将界面分割为9份，如图1-139所示。输出时每一份单独输出为一张图片，如图1-140所示。

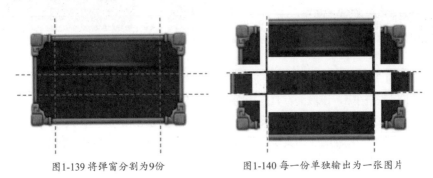

图1-139 将弹窗分割为9份　　　　　　　图1-140 每一份单独输出为一张图片

开发人员在使用图片时，可以将四角的图片设置为不拉伸，水平中间的图片设置为水平拉伸，垂直中间的图片设置为垂直拉伸，中间的图片设置为纯色，从而实现不同尺寸相同效果的弹窗界面的制作，如图1-141所示。

图1-141 套用9宫格图片弹窗效果

3. 文件输出命名规范

输出文件的名称原则上使用英文（拼音）、数字和下画线的组合方式。名称中不允许出现中文字符、中文标点符号和特殊符号。

常见的命名规则是类别名_类型名_编号，比如角色界面使用的按钮，其文件名通常为character_button_01。

不同项目组对文件命名的具体规则有细微的区别。图1-142所示为《梦间集》游戏项目中图片的命名。

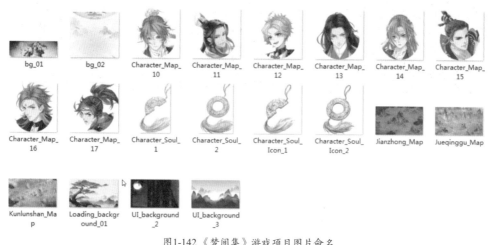

图1-142 《梦间集》游戏项目图片命名

提示：

读者在学习过程中，可以暂时先不考虑文件命名的问题。为了便于查找和理解，可以使用中文命名图片。

1.3.4 【任务实施】

为了便于读者学习，按照实际游戏登录界面设计流程，由简入繁，将任务划分为绘制草稿并填充固有色、绘制道具图标的初步光影和绘制道具图标的精细光影3个步骤实施。图1-143所示为步骤内容和主要技能点。

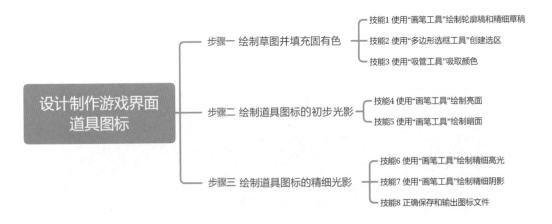

图1-143 步骤内容和主要技能点

步骤 01 执行"文件"→"新建"命令，新建一个500像素×500像素的文档，参数设置如图1-144所示。单击"创建"按钮，使用#9d9d9d颜色填充画布，效果如图1-145所示。

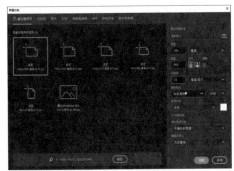

图1-144 "新建文档"对话框

图1-145 画布效果

提示：

游戏资源图标在游戏界面中占用空间较小，通常尺寸为100像素×100像素。根据实际情况，有时还需要提供50像素×50像素的缩小版本。

小技巧：

为了获得较好的视觉效果，在绘制图标时一般会采用500像素×500像素的尺寸绘制。如果需要在游戏中展示比较重要的图标，则会采用1000像素×1000像素的尺寸绘制。一些特别重要的图标，如旗帜、会场标志等需要大面积展示的图标，绘制尺寸会达到2000像素×3000像素。

步骤 02 新建一个名为"轮廓稿"的图层，使用"画笔工具"绘制图标的轮廓稿，效果如图1-146所示。新建一个名为"草稿"的图层，选择较细的硬画笔，使用"画笔工具"参考轮廓稿绘制图标的草稿，效果如图1-147所示。

图1-146 绘制图标轮廓

图1-147 绘制图标草稿

步骤03 新建一个名为"精细草稿"的图层，使用"画笔工具"参考草稿继续绘制细致的图标草稿，使其圆润、流畅，效果如图1-148所示。新建一个名为"头部花纹"的图层，使用"多边形套索工具"创建如图1-149所示的选区。

图1-148 绘制精细草稿   图1-149 创建选区

提示：

    在设计资源图标时，将图标分为上下两部分。上部分为复杂的头部花纹，下部分为简洁的月牙花纹。因此在上色时也要分别为两部分进行上色。

步骤04 设置"前景色"为#c29724，按【Alt+Delete】组合键填充选区，效果如图1-150所示。新建一个名为"月牙花纹"的图层，创建下部选区并使用#bdd2cb颜色填充选区，效果如图1-151所示。

图1-150 创建选区并填色   图1-151 创建下部选区并填色

提示：

    在设计资源图标时，其颜色要与界面主色相呼应。头部花纹使用界面中的暗金色，下部花纹使用界面中的浅蓝色。

步骤05 选中"头部花纹"图层，锁定图层透明区域，双击"前景色"色块，弹出"拾色器"对话框。使用"吸管工具"吸取头部固有色，如图1-152所示。将前景色调整得更亮一些，选中一款浅金黄色，如图1-153所示。

图1-152 吸取固有色　　　　　　　　　　　图1-153 调亮固有色

步骤二 绘制道具图标的初步光影

步骤 01 单击"画笔工具"按钮，单击鼠标右键，在打开的面板中选择"柔边圆压力不透明度"笔刷，如图1-154所示。降低笔刷的不透明度为30%，在图标亮面位置涂抹，绘制图标的亮面，如图1-155所示。

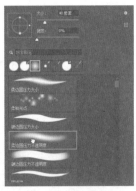

图1-154 选择画笔笔刷　　　　　　　　图1-155 绘制图标的亮面

步骤 02 双击"前景色"色块，使用"吸管工具"吸取头部固有色，将前景色调整得更暗一些，选中一款深棕色，如图1-156所示。使用"画笔工具"绘制图标头部的暗面，效果如图1-157所示。

图1-156 调暗固有色　　　　　　　　图1-157 绘制图标的暗面

步骤 03 选择"月牙花纹"图层并锁定透明像素，双击"前景色"色块，使用"吸管工具"吸取头部固有色，将前景色调整得更亮一些，如图1-158所示。使用"画笔工具"绘制图标头部的亮面，效果如图1-159所示。

图1-158 调亮固有色

图1-159 绘制图标头部的亮面

步骤 04 双击"前景色"色块，使用"吸管工具"吸取头部固有色，将前景色调整得更暗一些，如图1-160所示。使用"画笔工具"绘制图标头部的暗面，效果如图1-161所示。

图1-160 调亮固有色

图1-161 绘制图标暗面

提示：

　　绘制完成后，建议将"精细草稿"图层暂时隐藏，方便观察绘制的边缘是否圆滑，颜色过渡是否自然，浓淡是否合适。

步骤三 绘制道具图标的精细光影

步骤 01 分别新建名称为"高光"和"阴影"的两个图层，并为两个图层与"头部花纹"图层创建剪贴蒙版，如图1-162所示。设置"前景色"为#ecde96，使用"画笔工具"在"高光"图层中绘制头部精细高光，效果如图1-163所示。

图1-162 新建图层并创建剪贴蒙版　　　　　　图1-163 绘制头部精细高光

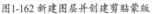

提示：

绘制高光时要考虑光照的方向，面向光线的位置要绘制高光。还要考虑物体的形状，凸起的位置要绘制高光。物体卷曲的位置要沿着物体的走向绘制出与其形状相匹配的高光。

步骤 02 选择"阴影"图层，设置"前景色"为#532a0f，使用"画笔工具"绘制头部阴影，效果如图1-164所示。在"阴影"图层上方新建一个名为"阴影2"的图层，设置"前景色"为#501f10，使用"画笔工具"加深头部阴影，效果如图1-165所示。

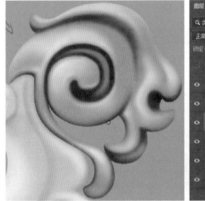

图1-164 绘制头部阴影　　　　　　　　　　图1-165 加深头部阴影

步骤 03 继续使用相同的方法，绘制图标下部月牙图形的高光和阴影，完成效果如图1-166所示。

高光　　　　　　　　　　　　阴影　　　　　　　　　　　　阴影2

图1-166 绘制下部月牙圆形的阴影和高光

步骤04 完成图标的绘制后，执行"文件"→"存储"命令，将文件存储为"资源图标.psd"文件，效果如图1-167所示。将所有草稿层和"背景"图层隐藏，如图1-168所示。

图1-167 图标绘制效果　　　　　　　　图1-168 隐藏背景和草稿层

步骤05 按【Shift+Ctrl+Alt+E】组合键盖印图层，如图1-169所示。按【Ctrl+C】组合键复制图层，再按【Ctrl+N】组合键新建文档，按【Enter】键确认后再按【Ctrl+V】组合键粘贴复制的内容，效果如图1-170所示。

步骤06 隐藏"背景"图层，执行"文件"→"存储为"命令，将文件存储为"资源图标.png"文件，将图标存储为透底的PNG格式文件，如图1-171所示。

图1-169 盖印图层　　　图1-170 复制粘贴到新文档中　　　图1-171 输出PNG透底文件

> 提示：
> 本任务完成的道具图标为本书项目四中游戏强化界面中的按钮。如果想进一步了解道具图标在整个界面中的作用，请参看本书项目四中的内容。

1.3.5 【任务考核与评价】

本任务主要完成强化界面道具图标的绘制，为了帮助读者理解本任务所学内容，完成本任务的学习后，需要对读者的学习效果进行评价。

- 评价点
- 界面中的文字布局是否合理，样式是否统一。
- 界面中的图标摆放是否合理，风格是否统一。
- 界面中的文字颜色是否主次分明，是否符合行业规范。
- 界面中各部分的颜色是否协调。
- 界面中的各组成部分是否整齐规范，风格一致。

● 评价表

评价表如表1-4所示。

表 1-4 评价表

任务名称	设计制作游戏界面道具图标	组别		教师评价	（签名）	专家评价	（签名）
类别	评 分 标 准						得分
知识	完全掌握 JPG 格式和 PNG 格式的概念和特点，游戏界面不同元素的输出尺寸规范，以及游戏界面文件输出命名规范，并能灵活运用			15~20			
	基本掌握 JPG 格式和 PNG 格式的概念和特点，游戏界面不同元素的输出尺寸规范，以及游戏界面文件输出命名规范			10~14			
	未能完全掌握 JPG 格式和 PNG 格式的概念和特点，游戏界面不同元素的输出尺寸规范，以及游戏界面文件输出命名规范			0~9			
技能	高度完成设计制作游戏界面道具图标，完整度高，设计制作精美，具有商业价值			40~50			
	基本完成设计制作游戏界面道具图标，完整度尚可，设计制作美观，符合大众审美			20~39			
	未能完成完整的设计制作游戏界面道具图标，设计制作不合理，作品仍需完善，需要加强练习			0~19			
素养	能够独立阅读，并准确画出学习重点，在团队合作过程中能主动发表自己的观点，能够虚心向他人学习并听取他人的意见及建议，工作结束后主动将工位整理干净			20~30			
	学习态度端正，在团队合作中能够配合其他成员共同完成学习任务，工作结束后能够将工位整理干净			10~19			
	不能够主动学习，学习态度不端正，不能完成既定任务			0~9			
总分				100			

1.3.6 【任务拓展】

完成本任务所学内容后，读者从如图1-172所示的道具图标中任选一款进行制作，并将文件分别存储为PSD格式和PNG格式。输出素材时，注意使用规范的命名方式，以便于其他人员使用。

图1-172 游戏道具图标

1.4 项目总结

通过本项目的学习，读者完成了"设计制作登录界面'开始游戏'按钮""设计制作人物等级和星级图标"和"设计制作游戏界面道具图标"3个任务。通过完成该项目，读者应掌握游戏界面基本组成部分，以及不同界面元素的设计流程和要求，并能够正确命名、存储和输出不同界面元素。

1.5 巩固提升

完成本项目学习后，接下来通过几道课后测试，检验一下对"设计制作游戏界面基础元素"的学习效果，同时加深对所学知识的理解。

一、选择题

在下面的选项中，只有一个是正确答案，请将其选出来并填入括号内。

1. 软件的人机交互、操作逻辑、界面美观的整体设计称为（　　）。

A. UI设计

B. UE设计

C. UX设计

D. UN设计

2. 下列游戏界面中，玩家看到的时间最长的界面是（　　）。

A. 登录界面

B. 主界面

C. 操作界面

D. 三级界面

3. 游戏界面中主要用来区分游戏界面功能和增强游戏界面美观性的是（　　）。

A. 游戏按钮

B. 游戏底框

C. 游戏文字

D. 装饰图案

4. 在绘制弹窗界面过程中，需求分析完成后需要进行（　　）步骤。

A. 绘制草稿和初稿

B. 细化

C. 定稿

D. 存储

5. 游戏Logo图片通常存储为PSD格式，输出为（　）格式。

A. PSD

B..GIF

C. JPG

D. PNG

二、判断题

判断下列各项叙述是否正确，对，打"√"；错，打"×"。

1. 三级界面是功能界面的执行界面，通常是玩家操作的倒数第二个界面。（　）

2. 游戏界面由游戏按钮、游戏底框、游戏图标、游戏文字和装饰图案5种元素组成。（　）

3. 制作按钮、图标可以分为打草稿、铺大色块、制作初步光影关系和刻画精细立体效果4个步骤。（　）

4. 游戏界面中大部分的图片素材是矩形的，需要为其设置透底效果。（　）

5. 输出文件的名称原则上使用英文（拼音）、数字和下画线的组合方式。（　）

三、创新题

使用本项目所学的内容，读者充分发挥自己的想象力和创作力，参考如图1-173所示的"进入官网"按钮，并采用九宫格切图法输出按钮素材。

图1-173 参考游戏弹窗界面

PROJECT

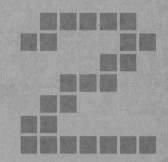

设计制作游戏通用
弹窗界面

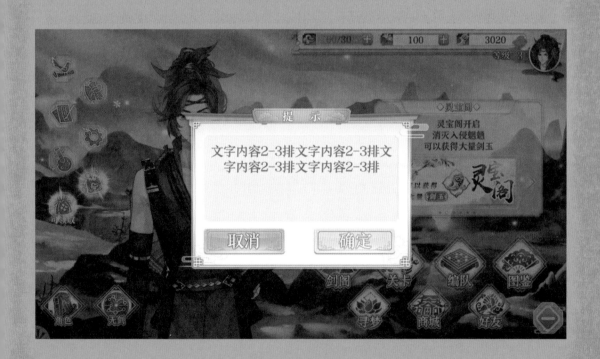

【项目描述】

本项目将完成一个游戏界面中通用弹窗界面的设计制作。按照游戏界面设计的实际工作流程，依次完成"设计制作游戏通用弹窗标题框和底框""设计制作游戏通用弹窗操作按钮"和"游戏通用弹窗界面资源整合与输出"3个任务，最终的完成效果如图2-1所示。

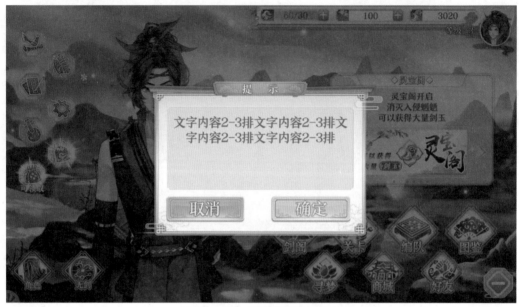

图2-1 游戏通用弹窗界面效果

通过完成该项目的制作，帮助读者了解通用弹窗界面的定义和功能；掌握设计制作游戏弹窗界面的设计方法和要点；举一反三将所学内容应用到其他游戏界面的设计中，为学习更复杂的游戏界面设计打下基础。

【项目需求】

根据研发组的要求，下发设计工作单，对界面设计注意事项、制作规范和输出规范等制作项目提出详细的制作要求。设计人员根据工作单要求在规定的时间内完成弹窗的设计制作，工作单内容如表2-1所示。

表 2-1 某游戏公司游戏 UI 设计工作单

工作单							
项目名	设计制作游戏通用弹窗界面					供应商	
分类	任务名称	开始日期	提交日期	底框	操作按钮	整合输出	工时小计
UI	弹窗界面			2 天	2 天	1 天	
备注	注意事项	界面尺寸为 1920 像素 ×1080 像素，以适配主流移动设备的尺寸					

表 2-1 某游戏公司游戏 UI 设计工作单（续）

工作单		
备注	制作规范	要求完成一个文字内容较少，以"提醒"功能为主的中式通用弹窗；可以套用"提示""警告""确认"等信息内容较少且需要玩家知晓的操作，从而打开避免误操作的弹窗中；弹窗的正文内容保留 2~3 行文字的空间
	输出规范	将弹窗界面设计稿导出为 PNG 图片素材，以供开发人员使用

【项目目标】

本项目包括知识目标、技能目标和素养目标，具体内容如下。

● 知识目标

通过本项目的学习，应达到如下知识目标。

· 熟知游戏弹窗设计的定义。
· 熟记游戏弹窗设计的内容。
· 熟知游戏弹窗设计规范。
· 熟悉游戏弹窗设计流程。
· 熟记游戏弹窗资源整合输出方法。

● 技能目标

通过本项目的学习，应达到如下技能目标。

· 能够完成游戏弹窗界面草稿绘制。
· 能够为游戏弹窗草稿上色。
· 能够绘制游戏弹窗界面中的花纹和高光。
· 能够制作游戏弹窗中的文字内容。

● 素养目标

通过本项目的学习，应达到如下素养目标。

· 具有在互联网中查找相关资料的能力。
· 具有较强的自主学习和自我管理能力。
· 积极弘扬中华美育精神，引导学生自觉传承中华优秀传统艺术，增强文化自信。
· 培养学生精益求精的工匠精神和爱岗敬业的从业态度。
· 培养学生的创新意识。

【项目导图】

本项目讲解设计制作游戏弹窗界面的相关知识，主要包括"设计制作游戏通用弹窗标题框和底框""设计制作游戏通用弹窗操作按钮"和"游戏通用弹窗界面资源整合与输出"3个任务，任务实施内容与操作步骤如图2-2所示。

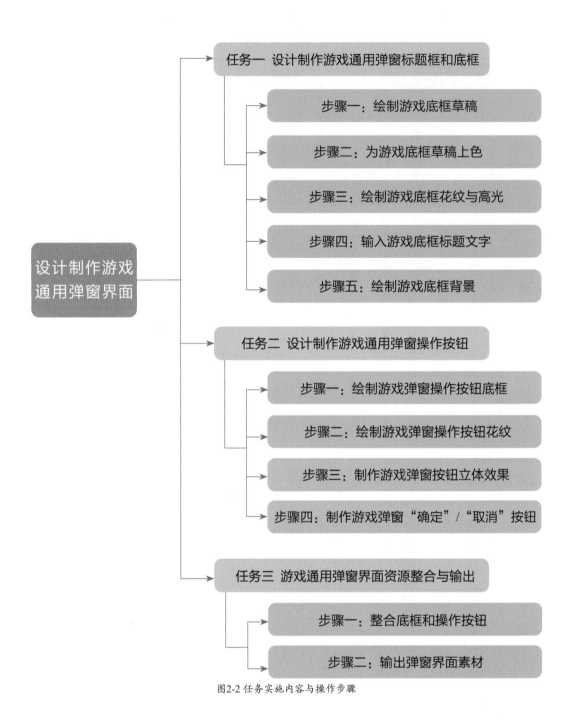

图2-2 任务实施内容与操作步骤

2.1 设计制作游戏通用弹窗标题框和底框

2.1.1 【任务描述】

本任务使用Photoshop CC 2021软件完成游戏通用弹窗标题框和底框的设计制作。按照实际工作中的制作流程，制作过程分为绘制游戏底框草稿、为游戏底框草稿上色、绘制游戏底框花纹与高光、输入游戏底框标题文字、绘制游戏底框背景5个步骤。制作完成的游戏弹窗界面标题框和底框效果如图2-3所示。

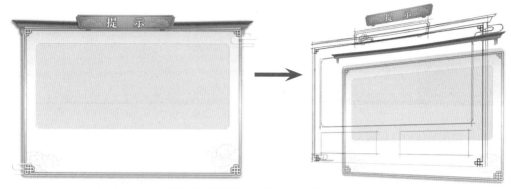

图2-3 游戏弹窗界面标题框和底框效果

源 文 件	源文件\项目二\任务1\通用弹窗底框.psd	
素 材	素材\项目二\任务1	
主要技术	画笔工具、形状工具、"图层"面板、移动工具、路径选择工具、路径直接选择工具	扫一扫观看演示视频

2.1.2 【任务目标】

知识目标	1. 熟知游戏弹窗的定义 2. 熟知游戏弹窗出现的不同场合 3. 熟悉标题文字的输入规范和标准 4. 熟记游戏弹窗界面设计的复用性和伸缩性原则
技能目标	1. 能够绘制游戏弹窗界面草稿 2. 能够为草稿上色 3. 能够绘制装饰花纹和高光
素养目标	1. 弘扬中华传统文化，帮助学生树立民族自信心 2. 培养学生精益求精的专业精神、职业精神和工匠精神

2.1.3 【知识导入】

1. 游戏弹窗的定义

游戏弹窗是游戏交互界面的一种，当玩家在游戏进行过程中需要中断当前操作转向另一种操作，或者玩家在游戏进行中出现突发状况不得不中断当前操作时，就需要一个承载信息的框体展示在屏幕前，对当前情况进行说明。

比如，玩家在游戏过程中点击任务属性按钮查看英雄属性、点击商城按钮进入商城，就属于玩家主动中断游戏操作的行为，系统会弹出"英雄属性"弹窗和"商城"弹窗，帮助玩家达到目的，如图2-4所示。

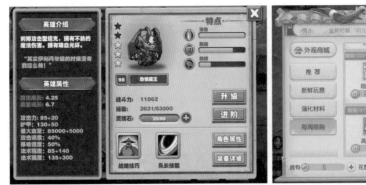

图2-4 "英雄属性"弹窗和"商城"弹窗

当玩家在游戏中获得胜利、失败，或者一局战斗结束，不得不中断游戏进程时，就会出现胜利、失败提示弹窗或战斗结束弹窗，强迫玩家终止游戏。图2-5所示为游戏挑战失败的弹窗界面。

图2-5 游戏挑战失败的弹窗界面

弹窗出现的场合分为主动场合弹窗和被动场合弹窗两种，下面逐一进行介绍。

● 主动场合

玩家主动进行游戏状态的切换，如在大地图中点击好友按钮，进入好友弹窗界面。或者从战斗状态点击道具按钮，进入道具选择弹窗界面。

图2-6所示为一款主动场合弹窗。玩家在游戏大地图中想购买某种商品，通过点击大地图主界面上的"商城"按钮，主动地由大地图主界面跳转到"商城"界面。

图2-6 主动场合弹窗——"商城"界面

图2-7所示的"充值"界面也是一款主动场合弹窗。玩家主动点击大地图中的"充值"按钮或其他相关按钮,切换到"充值"界面。

图2-7 主动场合弹窗——"充值"界面

图2-8所示为一款"任务"弹窗。当玩家在大地图中体验游戏剧情或者收集某些道具时,会找到游戏中NPC或者点击"任务"按钮,进入到"任务"界面,主动地由大地图界面跳转到"任务"界面。

图2-8 主动场合弹窗——"任务"界面

提示:

　　NPC是游戏中的一种角色类型,意思是非玩家角色,是指游戏中不受玩家操纵的游戏角色,也可以理解为一种拥有与村民相似的被动的可交互的生物模型。

● 被动场合

玩家在游戏中遇到不得不被打断的情况,会出现弹窗界面对玩家进行提示。例如,玩家在战斗中死亡或副本战斗结束要强制退出副本,都会弹出提示弹窗,让玩家知晓。

提示:

　　在游戏里打副本就是通过击败独立地图的特殊怪物来获得一些装备、道具和材料,在很多游戏里都拥有这个机制,副本战斗也被玩家们称为PVE游戏模式。

图2-9所示为一款被动场合弹窗。在进行游戏时,某一局战斗结束后,将会强制弹出一个"通关"界面,告诉玩家这一局的战斗情况。玩家在这种情况下,已经不能再退回到刚才的游戏界面,只能被动接受。玩家只能通过点击界面底部的"点击跳过"按钮,让游戏继续向后进行。

图2-9 被动场合弹窗——"通关"界面

图2-10所示为一款"等级提升"被动场合弹窗。玩家在"打怪"过程中升级了,系统会强制弹出升级提示弹窗,玩家不得不停下"打怪"操作,查看获得的属性升级数值,点击"确定"按钮后,玩家才能返回之前的游戏界面。

图2-10 被动场合弹窗——"等级提升"界面

2. 游戏界面弹窗的"复用性"和"伸缩性"

对于内容较少且不太重要的通用弹窗界面,设计重点应放在"复用性"和"伸缩性"上。弹窗的外观不要设计得太复杂,也不要太花哨,以便于套用到其他不同内容的弹窗界面上。弹窗的底框要设计得可以自由拉伸,以适应不同尺寸的弹框大小。

为了确保弹窗标题、弹窗文字内容和按钮文字内容被能多次重复使用。在裁图导出底框和文字时,使用"一底多字"的多素材方案,以方便套用不同的内容。

比如"弹窗标题"可以写"通告",也可以写"通知",还可以写"提示";弹窗显示的内容是由开发人员决定的,不同的正文内容都要能正确地显示在弹窗中;弹窗底部的操作按钮可以写"确定""取消"或者"同意"等内容,也要考虑复用性,如图2-11所示。

图2-11 通用弹窗中各部分的复用性

● 弹窗标题复用解决方案

为了增强弹窗标题的复用性并降低素材文件大小，在进行设计时会采用"A+B"叠加设计。A代表通用标题底图外观，即标题框背景图，如图2-12所示。B代表应用通用底框的弹窗名称，即标题文字内容，如"警告""提示""注意"等，如图2-13所示。

图2-12 通用标题底图外观

图2-13 通用标题文字外观

在进行弹窗拼接时，将AB图分别存储为多个素材文件，通过"A+B1""A+B2"或者"A+B3"的方式，得到不同弹窗的标题图案效果。图2-14所示为完整的弹窗标题效果。

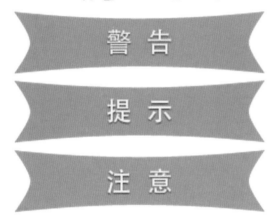

图2-14 完整的弹窗标题

● 弹窗底框复用解决方案

通用弹窗的底框要满足"复用性"和"拉伸性"两个要求。图2-15所示为通用弹窗底框外观。

要满足"复用性"要求，底框的设计不能过于复杂和花哨，要尽量简洁大方。要满足"拉伸性"要求，底框只能在转角处设计花纹。当开发人员导入素材时，可以使用九宫格拉伸法，将小面积的弹窗底框通过拉伸变形，转换为任意面积的弹窗底框，如图2-16所示。

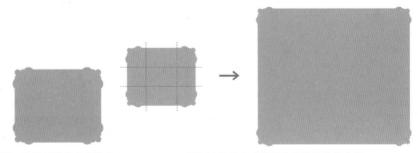

图2-15 通用弹窗底框外观　　　　图2-16 使用九宫格拉伸法转换弹窗底框

提示：

九宫格拉伸法是指将一张图分割成9部分，在拉伸时针对这9个部分进行不同的拉伸处理。通常情况下，带有花纹的4个边角不参与拉伸。

2.1.4 【任务实施】

按照通用弹窗设计制作流程，由简入繁，将任务划分为绘制游戏底框草稿、游戏底框草稿上色、绘制游戏底框花纹与高光、输入游戏底框标题文字和绘制游戏底框背景5个步骤实施，图2-17所示为步骤内容和主要技能点。

图2-17 步骤内容和主要技能点

步骤一 绘制底框草稿

步骤 01 启动Photoshop软件，执行"文件"→"新建"命令，在弹出的"新建文档"对话框中设置文档的尺寸为1920×1080像素，其他参数设置如图2-18所示。单击"创建"按钮，完成新文档的创建，如图2-19所示。

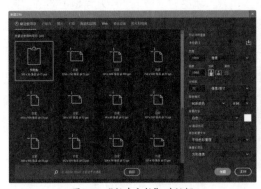

图2-18 "新建文档"对话框

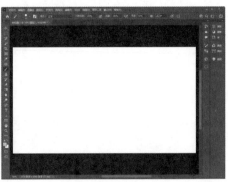

图2-19 新建文档

步骤 02 执行"窗口"→"图层"命令，打开"图层"面板，单击"创建新图层"按钮，新建"图层1"图层，如图2-20所示。

步骤 03 单击工具箱中的"画笔工具"按钮，在画布上单击鼠标右键，在打开的面板中选择"硬边圆压力大小"笔刷，将"大小"设置为2像素，如图2-21所示。

 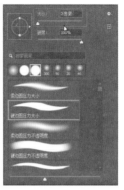

图2-20 新建图层　　　　　　图2-21选择笔刷

步骤 04 参考线框图，使用"画笔工具"绘制通用弹窗的草稿，效果如图2-22所示。执行"视图"→"标尺"命令或者按【Ctrl+R】组合键，在窗口的左侧和顶部将显示标尺，如图2-23所示。

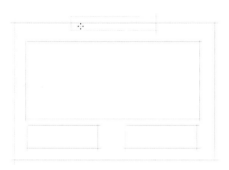 

图2-22 绘制草稿　　　　　　　　　图2-23 显示标尺

步骤 05 执行"视图"→"新建参考线"命令，弹出"新建参考线"对话框，设置相关参数，如图2-24所示。单击"确定"按钮，新建一个垂直参考线，用来定位画布的垂直中心位置，如图2-25所示。

 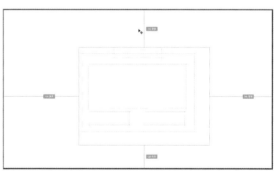

图2-24 设置相关参数　　　　　　图2-25 创建垂直参考线

提示：

　　该游戏弹窗为左右对称的图形，在绘制时只需依据垂直参考线绘制一侧图形，另一侧图形可以通过复制的方法来制作。

步骤 06 新建"图层 2"图层，使用"画笔工具"绘制标题栏的花纹，效果如图2-26所示。隐藏"图层 1"图层，使用"矩形选框工具"沿垂直参考线创建一个矩形选框，如图2-27所示。

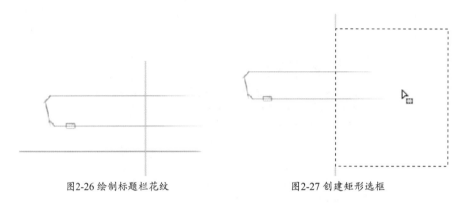

图2-26 绘制标题栏花纹   图2-27 创建矩形选框

提示：

　　在绘制一侧图形时，建议绘制时向另一侧超过垂直参考线位置多绘制一部分图形，便于图形的拼贴操作。

步骤 07 按【Delete】键删除选框中的图形，效果如图2-28所示。按【Ctrl+A】组合键，选中图层中的所有对象，按住【Alt+Shift】组合键的同时，使用"移动工具"水平拖曳复制图形，效果如图2-29所示。

图2-28 删除多余图形   图2-29 水平拖曳复制图形

步骤 08 按【Ctrl+T】组合键，自由变换复制图形，如图2-30所示。单击鼠标右键，在弹出的快捷菜单中选择"水平翻转"命令，如图2-31所示。

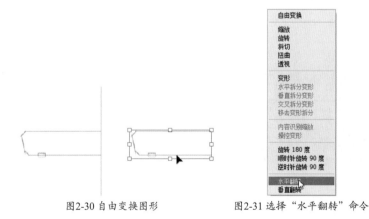

图2-30 自由变换图形   图2-31 选择"水平翻转"命令

步骤 09 按【Enter】键，创建右侧的标题副本，拖曳调整位置，按【Ctrl+D】组合键取消选区，效果如图2-32所示。

步骤 10 将"图层 1"图层显示出来，新建"图层 3"图层，使用"画笔工具"绘制顶部和底部底框，以及中间文本框的草稿，效果如图2-33所示。

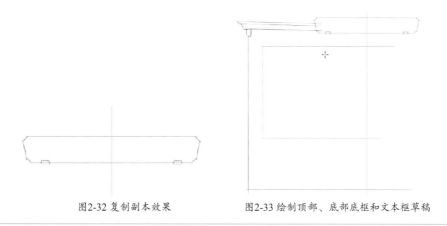

图2-32 复制副本效果　　　　　　　　图2-33 绘制顶部、底部底框和文本框草稿

提示：
　　该游戏弹窗为一个古风游戏弹窗，因此弹窗标题框要突出中国古典风格。将标题栏绘制成古典建筑牌匾的形状。

步骤 11 将"图层 1"图层隐藏，继续使用步骤7～步骤9的方式复制右侧草稿，复制效果如图2-34所示。修改"图层"面板中对应图层的图层名，便于后期的管理与操作，如图2-35所示。

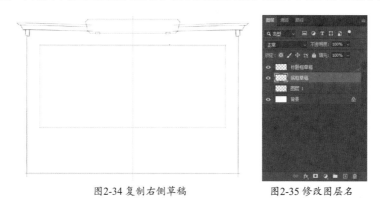

图2-34 复制右侧草稿　　　　　　　　图2-35 修改图层名

步骤二 为游戏底框为草稿上色

步骤 01 单击工具箱中的"钢笔工具"按钮，在选项栏中选择"形状"绘图模式，使用"钢笔工具"沿草稿轮廓绘制图形，效果如图2-36所示。单击工具箱中的"路径选择工具"按钮，拖曳复制并水平翻转图形，得到如图2-37所示的效果。

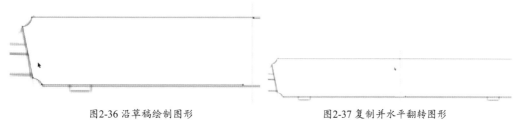

图2-36 沿草稿绘制图形　　　　　　　　图2-37 复制并水平翻转图形

步骤 02 单击工具箱中的"直接选择工具"按钮，拖曳选中中间的4个锚点，按【Delete】键，删除锚点，效果如图2-38所示。

图2-38 删除选中的锚点

步骤03 使用"钢笔工具",将光标移动到左侧顶部的锚点上,当光标变成🖎。时单击鼠标右键,然后再将光标移动到右侧另一个锚点上并单击,连接两个锚点,效果如图2-39所示。

图2-39 连接锚点

步骤04 继续使用"钢笔工具"连接底部的两个锚点,完成底部图形的绘制,效果如图2-40所示。

图2-40 底部图形的绘制效果

步骤05 在"图层"面板上拖曳调整"形状 1"图层的顺序并双击其缩览图,如图2-41所示,在弹出的"拾色器(填色)"对话框中设置填充颜色为#a6893d,如图2-42所示。

图2-41 双击图层缩览图

图2-42 设置填充颜色

步骤06 单击"确定"按钮,填充效果如图2-43所示。

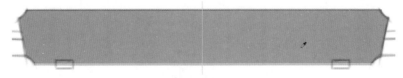

图2-43 填充效果

步骤07 新建一个名为"颜色层次"的图层,如图2-44所示。执行"图层"→"创建剪贴蒙版"命令,如图2-45所示。将"颜色层次"图层转换为"形状 1"的剪贴蒙版,如图2-46所示。

图2-44 新建图层　　图2-45 选择"创建剪贴蒙版"命令　　图2-46 剪贴蒙版效果

步骤 08 设置"前景色"颜色为#ddba66，单击工具箱中的"画笔工具"按钮，将光标移动到画布中并单击鼠标右键，在打开的面板中选择"柔边圆压力不透明度"笔刷，设置笔刷大小，如图2-47所示。在选项栏中设置笔刷"不透明度"为30%，如图2-48所示。

图2-47 选择笔刷　　　　　　　　图2-48 设置笔刷"不透明度"

步骤 09 使用"画笔工具"在图形的中间位置涂抹，使图形中间靠上的位置颜色浅一些，如图2-49所示。

图2-49 在图形上涂抹

提示：

涂抹过程中，可以单击工具箱中的"橡皮擦工具"按钮或按【E】键，选择"柔边圆压力不透明度"笔刷擦除绘制效果。

步骤 10 单击工具箱中的"圆角矩形工具"按钮，在选项栏中选择"形状"绘图模式，设置"圆角半径"值为1像素，在画布中绘制一个圆角矩形，效果如图2-50所示。按住【Alt】键的同时，使用"路径选择工具"拖曳复制一个圆角矩形，效果如图2-51所示。

图2-50 绘制圆角矩形　　　　　　图2-51 拖曳复制圆角矩形

步骤 11 在"图层"面板中拖曳调整"圆角矩形 1"图层的顺序，如图2-52所示。按住【Ctrl】键的同时单击"形状 1"图层的缩览图，创建选区，如图2-53所示。

图2-52 调整图层顺序

图2-53 创建选区

步骤 12 单击选项栏中的"垂直居中对齐"和"水平居中对齐"按钮，将"圆角矩形 1"图层居中对齐。在"圆角矩形 1"图层上方新建一个名为"颜色层次"的图层，并转换为图层蒙版，如图2-54所示。

步骤 13 将"前景色"颜色设置为#796645，使用"画笔工具"在如图2-55所示的位置涂抹，绘制阴影效果。

图2-54 新建图层蒙版

图2-55 绘制阴影效果

步骤三 绘制游戏底框花纹与高光

步骤 01 将"标题框草稿"图层显示出来，使用黑色较硬的画笔将中间的花纹轮廓绘制出来，如图2-56所示。

图2-56 绘制花纹草稿

步骤 02 使用"钢笔工具"沿中间的花纹轮廓将形状路径绘制出来，如图2-57所示。将绘制的形状拖曳复制到右侧，并使用"钢笔工具"将两个形状路径连接为一个，效果如图2-58所示。

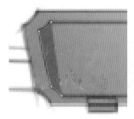

图2-57 绘制形状路径

图2-58 复制并连接路径

步骤 03 将"标题框草稿"图层隐藏。在"图层"面板中将"形状 2"图层的"填充"不透明度设置为0%，如图2-59所示。

步骤 04 单击"图层"面板底部的"添加图层样式"按钮，在打开的下拉列表框中选择"描边"选项，弹出"图层样式"对话框，设置各项参数，如图2-60所示。

图2-59 修改图层"填充"不透明度　　图2-60 设置"图层样式"对话框中的各项参数

步骤 05 单击"确定"按钮，描边效果如图2-61所示。新建一个名为"凹槽高光"的图层，如图2-62所示。

图2-61 形状描边效果　　　　　　　　图2-62 新建图层

步骤 06 设置"前景色"为桃红色，选择"柔边圆压力不透明度"笔刷，设置笔刷"不透明度"为50%，笔刷大小为2~3像素，沿着描边绘制高光，效果如图2-63所示。

步骤 07 设置"前景色"颜色为#e3c77d，按【Shift+Alt+Backspace】组合键，使用前景色填充描边，效果如图2-64所示。

图2-63 描边效果　　　　　　　　　　图2-64 用前景色填充描边

提示：

　　在绘制牌匾描边高光效果时，需要注意顶部高光位于描边轮廓的内侧，底部高光位于描边轮廓的外侧。

步骤 08 在"图层"面板中修改"凹槽高光"图层的图层混合模式为"滤色",如图2-65所示。获得越叠加越亮的颜色效果,如图2-66所示。

图2-65 设置图层混合模式

图2-66 "滤色"混合模式效果

提示:
　　使用"滤色"混合模式后,图层中纯黑部分变成完全透明,纯白部分则完全不透明,其他颜色则根据灰度产生各种级别的不透明。简单地说,"滤色"混合模式可以让图像效果更亮。

步骤 09 使用"橡皮擦工具"将两侧比较亮的高光进行擦拭,效果如图2-67所示。复制高光并水平翻转,完成整个图形高光的绘制,效果如图2-68所示。

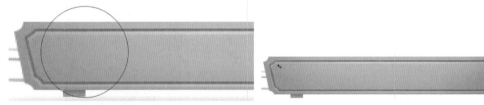

图2-67 擦拭高光

图2-68 完成高光绘制

步骤 10 选择"形状 1"图层,单击"图层"面板底部的"添加图层样式"按钮,在打开的下拉列表框中选择"斜面和浮雕"选项,弹出"图层样式"对话框,设置各项参数,如图2-69所示。单击"确定"按钮,图形的立体效果如图2-70所示。

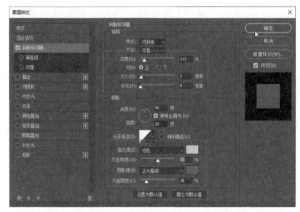

图2-69 设置"斜面和浮雕"样式的各项参数

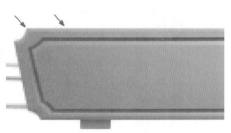

图2-70 立体效果

步骤 11 将"标题框草稿"图层显示出现,新建一个名为"标题框花纹草稿"的图层,如图2-71所示。使用"画笔工具"绘制如图2-72所示的花纹草稿。

图2-71 新建图层　　　　　　　　　图2-72 绘制花纹草稿

步骤 12 使用"钢笔工具"沿花纹草稿绘制形状,如图2-73所示。在"图层"面板中将与花纹相关的所有形状图层选中,按【Ctrl+E】组合键合并图层,效果如图2-74所示。

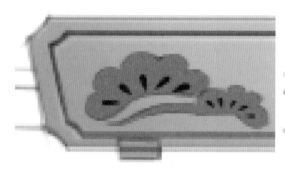 

图2-73 绘制花纹草稿　　　　　　　　　图2-74 合并图层

步骤 13 使用"路径选择工具"拖曳选中顶部的云朵花纹,如图2-75所示。在选项栏中选择"排除重叠形状"模式,如图2-76所示,效果如图2-77所示。

图2-75 选中花纹　　　图2-76 选择"排除重叠形状"模式　　　图2-77 排除重叠形状效果

步骤 14 继续使用与步骤13相同的方法,完成下面云朵花纹的排除重叠操作,效果如图2-78所示。修改该形状图层的名称为"花纹",如图2-79所示。

图2-78 排除重叠形状效果　　　　　　　　　图2-79 修改图层名称

步骤 15 按【Shift+Alt+Backspace】组合键，使用#c4a964颜色填充"花纹"图层，效果如图2-80所示。在"图层"面板中调整图层顺序并将"标题框花纹草稿"图层隐藏，如图2-81所示，花纹效果如图2-82所示。

图2-80 填充图层效果　　　　　　图2-81 "图层"面板　　　　　　图2-82 花纹效果

步骤 16 修改"花纹"图层的混合模式为"滤色"，效果如图2-83所示。修改其图层"填充"不透明度为32%，效果如图2-84所示。

图2-83 图层"滤色"混合效果　　　　　　　图2-84 修改图层"填充"不透明度

步骤 17 为"花纹"图层添加"斜面和浮雕"图层样式，在弹出的"图层样式"对话框中设置各项参数，如图2-85所示。单击"确定"按钮，图形效果如图2-86所示。

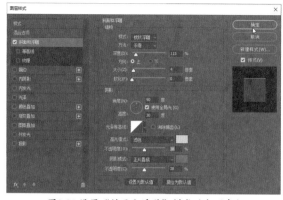

图2-85 设置"斜面和浮雕"样式的各项参数

图2-86 图形的斜面浮雕效果

步骤18 使用"路径选择工具"复制花纹并水平翻转,移动到如图2-87所示的位置。在"图层"面板中选择所有与背景框有关的图层,单击"图层"面板底部的"创建新组"按钮,将所选图层建立图层组,修改图层组的名称为"标题框背景",如图2-88所示。

图2-87 复制并水平翻转花纹

图2-88 创建图层组

步骤19 选中"标题框背景"图层组,为其添加"投影"图层样式,设置"图层样式"对话框中的各项参数,如图2-89所示。单击"确定"按钮,阴影效果如图2-90所示。

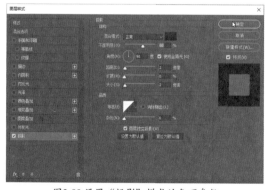

图2-89 设置"投影"样式的各项参数

图2-90 阴影效果

步骤四 输入游戏底框标题文字

步骤01 单击工具箱中的"横排文字工具"按钮,在选项栏中设置字体为"方正颜宋简体",字号为40点,在画布中单击并输入如图2-91所示的文本。

图2-91 输入标题文字

提示:

　　为了能够套用其他弹窗,通用弹窗的标题通常控制在2~4个字,在输入两个或三个文字时,为了获得更好的显示效果,可以在文字之间添加空格。

步骤 02 按【Ctrl+1】组合键,以100%的比例查看设计效果,如图2-92所示。单击"图层"面板底部的"添加图层样式"按钮,在打开的下拉列表框中选择"外发光"选项,在弹出的"图层样式"对话框中设置参数,如图2-93所示。

图2-92 查看标题文字效果

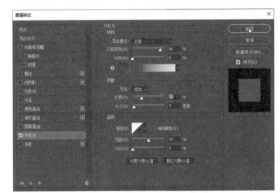

图2-93 设置"外发光"样式的各项参数

提示:

　　当文字与背景对比不强烈时,可以通过为文字添加描边、投影或发光的样式,为文字外侧添加深色的颜色效果,拉开文字与背景框的明度差。

步骤 03 单击"确定"按钮,标题外发光效果如图2-94所示。在"图层"面板中将"形状 2"和"凹槽亮光"两个图层放置在一个名为"凹槽"的图层组中,如图2-95所示。

图2-94 标题外发光效果

图2-95 创建图层组

步骤 04 选择"凹槽"图层组,单击"图层"面板底部的"添加图层蒙版"按钮,为该图层组添加一个图层蒙版,如图2-96所示。设置"前景色"颜色为黑色,使用"画笔工具"在蒙版上涂抹,凹槽效果如图2-97所示。

图2-96 添加图层蒙版

图2-97 凸横效果

步骤05 将"图层"面板中的"标题框"图层组隐藏,接下来使用绘制标题栏的方式,为弹窗底框上部的屋檐图形上色,效果如图2-98所示。

图2-98 绘制底框屋檐图形

步骤06 选中"图层"面板中的"背景"图层,设置"前景色"颜色为#818181,按【Alt+Delete】组合键填充背景色,效果如图2-99所示。使用"圆角矩形工具"沿草稿绘制一个"填充"颜色为白色的圆角矩形,效果如图2-100所示。

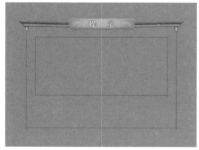

图2-99 设置背景色

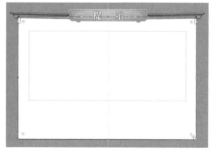

图2-100 绘制白色圆角矩形

步骤07 将光标移动到圆角矩形边角的◉图标上,按住鼠标左键并拖曳创建圆角效果,如图2-101所示。在"图层"面板中修改该图层的"填充"不透明度为50%,效果如图2-102所示。

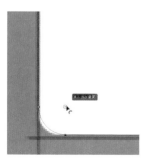

图2-101 拖曳创建圆角

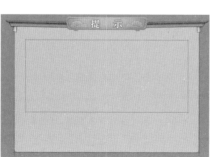

图2-102 修改图层"填充"不透明度

步骤08 在"图层"面板中拖曳圆角矩形到"屋檐"图层的下面,并修改图层名称为"底框",如图2-103所示。使用"画笔工具"和"橡皮擦工具"修改文本框一个边角的轮廓,如图2-104所示。并分别粘贴到其他三个边角上,效果如图2-105所示。

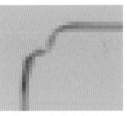

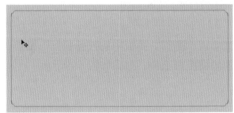

图2-103 调整图层顺序　　　　图2-104 修改边角效果　　　　　图2-105 复制粘贴到其他边角

步骤09 单击工具箱中的"椭圆工具"按钮,使用"椭圆工具"在画布中绘制两个如图2-106所示的圆形。将绘制的两个圆形镜像复制到其他3个边角上,效果如图2-107所示。

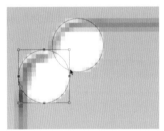

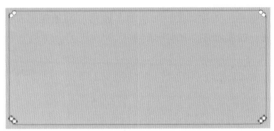

图2-106 绘制两个圆形　　　　　　　　图2-107 镜像复制圆形

步骤10 使用"钢笔工具"沿草稿绘制切角矩形,如图2-108所示。在"图层"面板中将圆形和切角矩形选中并合并为一个图层。使用"直接选择工具"调整4个边角路径,如图2-109所示。

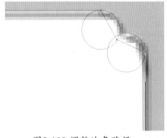

图2-108 绘制切角矩形　　　　　　　　图2-109 调整边角路径

提示:
　　文本框的主要作用是放置文字。为了能够清楚地展示文字内容,文本框的背景颜色不宜使用图案、花纹或渐变,最好使用纯色作为文本框背景。

步骤11 设置"前景色"颜色为#d8e4f4,按【Shift+Alt+Backspace】组合键填充图形,效果如图2-110所示。选择文本框图层,为其添加"内阴影"图层样式,设置"图层样式"对话框中的各项参数,如图2-111所示。

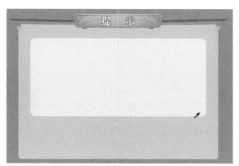

图2-110 使用浅蓝色填充图形

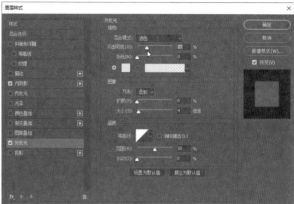

图2-111 设置"前景色"样式的各项参数

步骤12 单击"确定"按钮，文本框内阴影效果如图2-112所示。

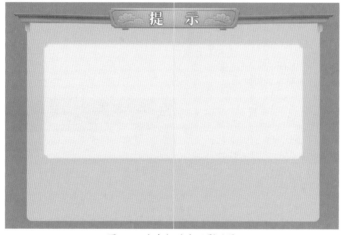

图2-112 文本框的内阴影效果

步骤13 将"底框草稿"图层显示出来。新建一个名为"底框花纹"的图层，如图2-113所示。使用"画笔工具"在底框左上角绘制如图2-114所示的花纹。

图2-113 新建图层

图2-114 绘制花纹

步骤14 将花纹水平镜像复制到底框的右侧位置，如图2-115所示。继续在底框左下角绘制花纹并水平镜像到底框的右下角位置，效果如图2-116所示。

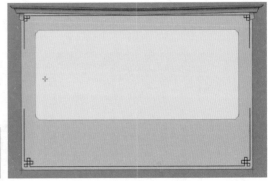

图2-115 水平镜像复制花纹　　　　　　　图2-116 绘制并复制底部花纹

步骤15 使用"矩形选框工具"拖曳选中两侧垂直的线，按住【Alt】键的同时向上拖曳复制，连接上下两部分花纹，效果如图2-117所示。使用"矩形工具"绘制如图2-118所示的矩形。

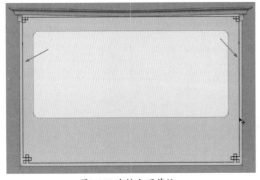

图2-117 连接上下花纹

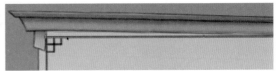

图2-118 绘制矩形

提示：

　　　线条的宽度为3像素，为了使花纹所有的线条宽度都一致，本任务首选使用"矩形工具"绘制3像素高的矩形，然后通过拖曳复制的方式，完成花纹轮廓的绘制。

步骤16 继续使用"矩形工具"沿草稿绘制花纹，如图2-119所示。选中所有花纹路径图层并合并，"图层"面板如图2-120所示。

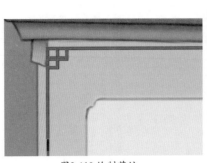

图2-119 绘制花纹

图2-120 合并路径图层

步骤17 继续使用相同的方法，绘制左下角的花纹，完成后的效果如图2-121所示。使用"路径选择工具"拖曳选中绘制的花纹，水平镜像复制右侧的花纹并调整到如图2-122所示的位置。

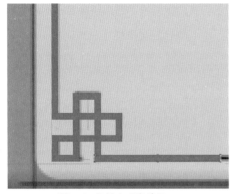

图2-121 绘制左下角花纹

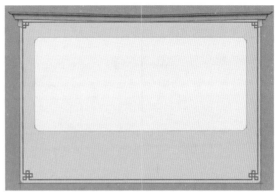

图2-122 水平镜像复制右侧花纹并调整位置

提示：

　　使用"矩形工具"绘制时，可以通过右侧出现的提示信息随时观察绘制矩形的宽度或高度，使矩形的宽度保持为3像素。同时要确保绘制花纹的中间位置为正方形。

步骤18 在"图层"面板中修改花纹图层名称为"矩形花纹"，并拖曳调整图层顺序到"屋檐"图层下方，如图2-123所示。花纹排列效果如图2-124所示。

图2-123 调整图层顺序

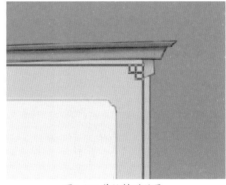

图2-124 花纹排列效果

步骤19 双击"矩形花纹"图层缩览图，修改其填充颜色为#d6e8fe，效果如图2-125所示。为该图层添加"描边"图层样式，设置"图层样式"对话框中的各项参数，如图2-126所示。

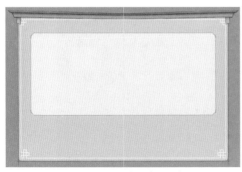

图2-125 修改花纹填充颜色

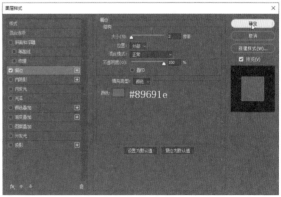

图2-126 设置"描边"样式的各项参数

步骤20 单击"确定"按钮，花纹外描边效果如图2-127所示。将"标题框"图层组和草稿图层显示出来，观察弹窗绘制效果，如图2-128所示。

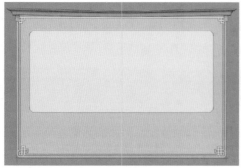
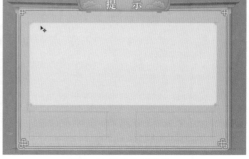

图2-127 花纹外描边效果　　　　　　　　　　图2-128 弹窗绘制效果

提示：

　　为了避免界面中的装饰元素影响玩家对弹窗内容的阅读，界面底部的两个按钮上不宜绘制装饰花纹。如果还想添加花纹，建议在界面边界的空白区域进行绘制。

步骤五 绘制游戏底框背景

步骤01 将"祥云.png"素材文件拖曳置入弹窗文档中，调整其大小、位置和旋转角度，效果如图2-129所示。将祥云图像水平复制到界面的左侧，效果如图2-130所示。

图2-129 拖入外部祥云素材图像　　　　　　图2-130 水平复制祥云图像

步骤02 将祥云图像的两个图层调整到"矩形花纹"图层下方，如图2-131所示。为左侧的"祥云 拷贝"图层添加"渐变叠加"图层样式，设置"图层样式"对话框中的各项参数，如图2-132所示。

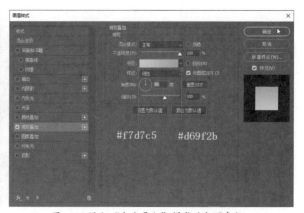

图2-131 调整图层顺序　　　　　图2-132 添加"渐变叠加"样式的各项参数

步骤03 单击"确定"按钮，"渐变叠加"图层样式效果如图2-133所示。在"图层"面板中的"祥云拷贝"图层上单击鼠标右键，在弹出的快捷菜单中选择"拷贝图层样式"命令，如图2-134所示。

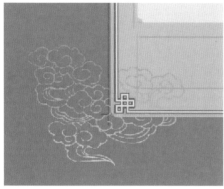

图2-133 "渐变叠加"效果　　　　　　　图2-134 选择"拷贝图层样式"命令

步骤04 在"祥云"图层上单击鼠标右键，在弹出的快捷菜单中选择"粘贴图层样式"命令，如图2-135所示。图层样式粘贴效果如图2-136所示。

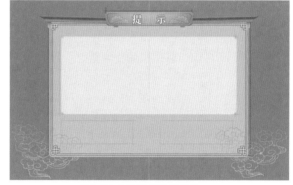

图2-135 选择"粘贴图层样式"命令　　　　　　图2-136 粘贴图层样式效果

步骤05 在"图层"面板的"祥云"图层下新建一个名为"底框色"的图层，如图2-137所示。使用"矩形选框工具"创建矩形选区并填充#f6fbfe颜色，效果如图2-138所示。为两个祥云图层和新建的矩形填充图层创建剪贴蒙版，如图2-139所示。

图2-137 新建图层　　　　图2-138 创建选区并填充颜色　　　　图2-139 创建图层剪贴蒙版

步骤06 剪贴蒙版效果如图2-140所示。修改两个祥云图层的"不透明度"为20%，效果如图2-141所示。

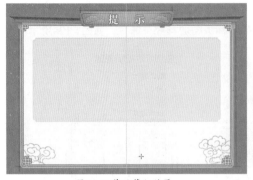

图2-140 剪贴蒙版效果

图2-141 祥云图层的透明效果

步骤 07 为"矩形花纹"图层添加"外发光"图层样式，在弹出的"图层样式"对话框中设置参数，如图2-142所示。单击"确定"按钮，矩形花纹外发光效果如图2-143所示。

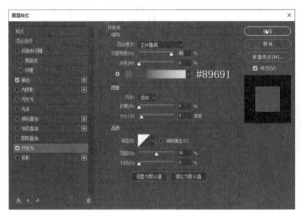

图2-142 设置"外发光"样式的各项参数

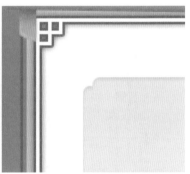

图2-143 矩形花纹外发光效果

步骤 08 新建一个名为"祥云花纹"的图层，使用"画笔工具"绘制一个"S"形状的祥云花纹草稿，如图2-144所示。继续使用"画笔工具"在左下角位置绘制祥云花纹草稿，如图2-145所示。

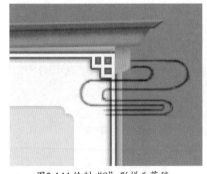

图2-144 绘制"S"形祥云草稿

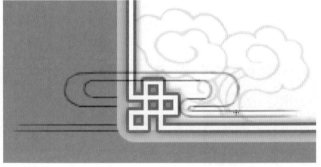

图2-145 绘制左下角的祥云花纹草稿

提示：

为了使界面风格保持一致，不同位置绘制的祥云花纹的曲线弧度要大致保持一致，花纹的大小比例也要大致保持一致。

步骤 09 使用"椭圆工具"沿草稿绘制花纹的形状，如图2-146所示。使用"直接选择工具"选择左侧锚点，按【Delete】键将其删除，如图2-147所示。

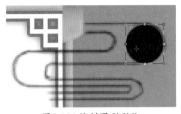
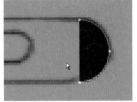

图2-146 绘制圆形形状　　　　　　　　　图2-147 删除左侧锚点

步骤 10 继续使用相同的方法，绘制其他几个半圆弧，效果如图2-148所示。在"图层"面板中将所有的半圆弧图层合并为一个图层。使用"钢笔工具"将半圆弧连接起来，效果如图2-149所示。

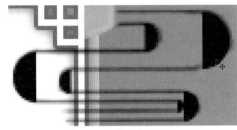
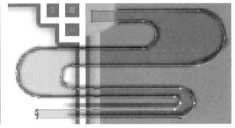

图2-148 绘制其他半圆弧　　　　　　　　图2-149 连接半圆弧

提示：

　　为了方便观察效果，在绘制图形时，可以暂时将图形的效果设置为半透明。绘制图形时应注意，横向的线条要严格保持水平。

步骤 11 使用"直接选择工具"调整祥云尾部锚点到如图2-150所示的位置，为后期绘制渐隐效果做准备。继续新建图层，使用相同的方法完成左下角祥云图案的绘制，效果如图2-151所示。

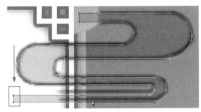

图2-150 调整祥云尾部锚点　　　　　　　图2-151 左下角的祥云图案效果

步骤 12 在"图层"面板中将所有祥云图层选中并合并，为祥云图层填充白色，修改"填充"不透明度为36%，效果如图2-152所示。为该图层添加"内发光"图层样式，设置"图层样式"对话框中的参数，如图2-153所示。

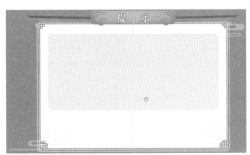
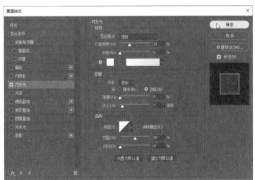

图2-152 填充白色并修改不透明度　　　　图2-153 设置"内发光"样式的各项参数

步骤13 单击"确定"按钮，祥云花纹内发光效果如图2-154所示。为该图层添加"投影"图层样式，设置"图层样式"对话框中的参数，如图2-155所示。

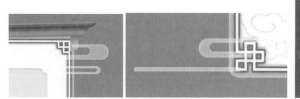
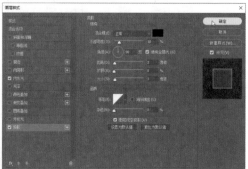

图2-154 内发光效果　　　　　　　　　　　　图2-155 设置"投影"样式的各项参数

步骤14 单击"确定"按钮，祥云投影效果如图2-156所示。新建一个名为"祥云"的图层组，将右上角的祥云图层移动到"祥云"图层组中，如图2-157所示。

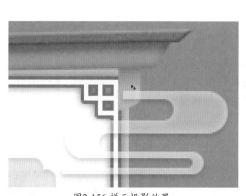

图2-156 祥云投影效果　　　　　　　　　　　　图2-157 新建图层组

步骤15 为该图层组添加一个图层蒙版，设置"前景色"为黑色，使用"画笔工具"在蒙版上涂抹，遮罩部分祥云，实现渐隐效果，如图2-158所示。继续使用相同的方法，为左下角的祥云图层添加蒙版并创建渐隐效果，如图2-159所示。

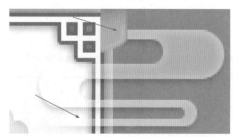

图2-158 使用图层蒙版创建遮罩和渐隐效果　　　　　　图2-159 左下角的祥云效果

步骤16 在"图层"面板中选择所有与屋檐有关的图层，新建一个名为"屋檐"的图层组，如图2-160所示。在"屋檐"图层组下面新建一个名为"屋檐阴影"的图层，如图2-161所示。

步骤17 按住【Ctrl】键并单击"底框"图层缩览图，创建选区，为"屋檐阴影"图层添加图层蒙版，如图2-162所示。

图2-160 新建图层组　　　　　　图2-161 新建图层　　　　　　图2-162 添加图层蒙版

步骤18 修改"屋檐阴影"图层的混合模式为"正片叠底"，使用"画笔工具"在底框顶部绘制屋檐的阴影，效果如图2-163所示。双击"矩形花纹"图层，修改"描边"样式参数，如图2-164所示。

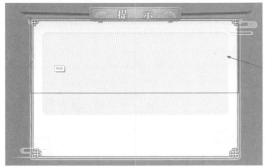

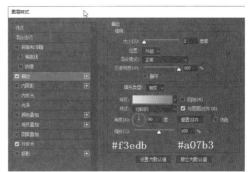

图2-163 绘制屋檐阴影　　　　　　　　图2-164 修改矩形花纹的"描边"样式参数

步骤19 单击"确定"按钮，观察弹窗界面的效果，如图2-165所示。将下部与底框相关的图层放置在一个名为"底框"的图层组中，并为该图层添加"投影"图层样式，设置"图层样式"对话框中的参数，如图2-166所示。

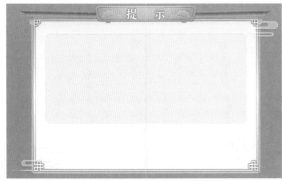

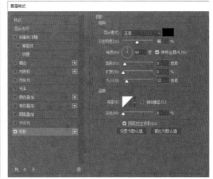

图2-165 弹窗界面效果　　　　　　　　图2-166 设置"投影"样式的各项参数

提示：

　　在为"底框"图层组添加投影样式时，注意右上角和左下角的祥云图层已经添加了"投影"样式。可以选择删除重做或单独隔离图层。

步骤20 单击"确定"按钮，弹窗底框投影效果如图2-167所示。将所有的草稿图层放置在一个名为"各种草稿"的图层组中并隐藏，"图层"面板如图2-168所示。执行"文件"→"存储"命令，将文件以"通用底框.psd"为名进行保存。

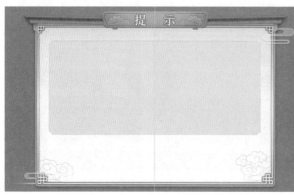

图2-167 底框投影效果 　　　　　　　图2-168 "图层"面板

提示：

　　完成一个阶段的绘制后，要对"图层"面板进行整理，将同类型的图层组合在一起，便于后期切片输出和管理。

2.1.5 【任务考核与评价】

　　本任务使用Photoshop完成通用弹窗界面标题框和底框的设计制作，为了帮助读者理解设计制作游戏弹窗界面的方法和技巧，完成本任务的学习后，需要对读者的学习效果进行评价。

● 评价点

· 弹窗界面中的装饰元素是否对称摆放。

· 弹窗界面中相同功能的元素是否分组管理。

· 弹窗界面是否具有"复用性"和"伸缩性"。

· 弹窗界面中的标题文字是否能够满足不同数量标题的使用。

● 评价表

评价表如表2-2所示。

表 2-2 评价表

任务名称	设计制作通用弹窗标题框和底框	组别		教师评价	（签名）	专家评价	（签名）
类别	评分标准						得分
知识	完全掌握游戏弹窗的定义和出现场合，游戏弹窗的"复用性"和"伸缩性"原则，以及游戏弹窗标题的作用，并能灵活运用			15~20			
	基本掌握游戏弹窗的定义和出现场合，游戏弹窗的"复用性"和"伸缩性"原则，以及游戏弹窗标题的作用			10~14			
	未能完全掌握游戏弹窗的定义和出现场合，游戏弹窗的"复用性"和"伸缩性"原则，以及游戏弹窗标题的作用			0~9			

表 2-2 评价表（续）

类别	评分标准		得分
技能	高度完成游戏通用弹窗标题框和底框制作，完整度高，设计制作精美，具有商业价值	40~50	
	基本完成游戏通用弹窗标题框和底框制作，完整度尚可，设计制作美观，符合大众审美	20~39	
	未能完成完整的游戏通用弹窗标题框和底框制作，设计制作不合理，作品仍需完善，需要加强练习	0~19	
素养	能够独立阅读，并准确画出学习重点，在团队合作过程中能主动发表自己的观点，能够虚心向他人学习并听取他人的意见及建议，工作结束后主动将工位整理干净	20~30	
	学习态度端正，在团队合作中能够配合其他成员共同完成学习任务，工作结束后能够将工位整理干净	10~19	
	不能够主动学习，学习态度不端正，不能完成既定任务	0~9	
总分		100	

2.1.6 【任务拓展】

完成本任务所学内容后，读者尝试设计如图2-169所示的游戏弹窗界面底框。制作过程中要充分考虑弹窗底框的"复用性"和"伸缩性"。

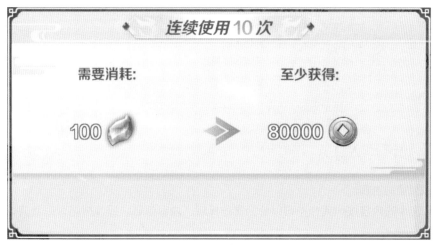

图2-169 游戏弹窗界面底框

2.2 设计制作游戏通用弹窗操作按钮

2.2.1 【任务描述】

本任务将制作"取消"和"确定"两个游戏弹窗操作按钮,按照实际工作流程分为绘制游戏弹窗操作按钮底框、绘制游戏弹窗操作按钮花纹和制作游戏弹窗按钮立体效果3个步骤,完成万能游戏弹窗弹窗界面中操作按钮的制作,完成效果如图2-170所示。

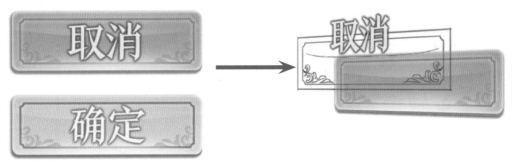

图2-170 游戏弹窗操作按钮效果

源 文 件	源文件 \ 项目二 \ 任务 2\ 万能弹窗操作按钮 .psd
素 材	素 材 \ 项目二 \ 任务 2
主要技术	画笔工具、钢笔工具、图层样式、形状工具、剪贴蒙版、对齐操作

扫一扫观看演示视频

2.2.2 【任务目标】

知识目标	1. 熟知游戏弹窗中包含的内容 2. 熟知游戏弹窗背景底框和装饰物的作用 3. 熟记弹窗操作按钮复用解决方案 4. 熟记蒙版和剪贴蒙版的使用方法和技巧
技能目标	1. 能够使用画笔工具绘制草稿 2. 能够使用图层样式美化界面 3. 能够使用钢笔工具描画花纹图案
素养目标	1. 通过实际案例的练习,培养学生的职业素养和创新精神 2. 弘扬中国传统纹样文化,增强民族自信和文化自信

2.2.3 【知识导入】

1. 游戏弹窗的内容

游戏弹窗中的内容按照其作用可以分为弹窗标题、内容信息、操作按钮,以及背景底框和装饰物。

● 弹窗标题

弹窗标题主要是展示弹窗属性，让玩家一目了然地了解该弹窗将提供哪些信息。系统为玩家弹出一个窗口，用几个字概括弹窗的标题。玩家根据标题，可以清晰地知道该弹窗中包含了哪些内容。

● 内容信息

相当于一个文件中的正文内容。系统使用清晰明了的文字、图标和说明性质的花纹展示弹窗的正文内容，帮助玩家了解这个弹窗中的所有信息。

● 操作按钮

当玩家收到一个弹窗后，通过操作按钮，可以实现签收或者退出弹窗、返回游戏画面的操作的目的。

● 背景底框和装饰物

背景底框和装饰物主要起到美化作用。背景底框一方面用来承载弹窗的内容，另一方面也具有一定的装饰作用。通过在界面中添加一些人物、挂件或摆件等装饰物，起到美化界面的作用。

提示：

　　标准的弹窗由标题、内容和按钮3部分组成，相当于文件中的首、中和尾。装饰物不是必要的，要注意不能喧宾夺主，影响内容信息的展示。

图2-171所示的弹窗界面中顶部的"等级提升"文字为弹窗的标题；标题后面圆形的花纹和云纹起到了很好的装饰作用，在将标题很好地衬托出来的同时，又增加了界面的趣味性；标题文字下面白色的横条是弹窗的底框，用来承载弹窗的内容；中间的文字即弹窗的内容信息；界面底部的"确定"按钮即弹窗的操作按钮。单击该按钮，表示玩家"已阅""知道了""签收"的意思。

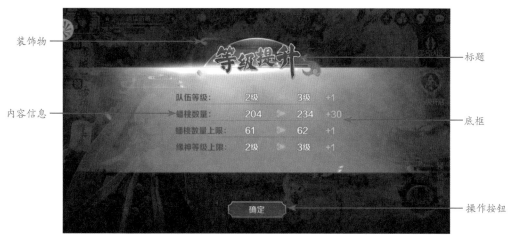

图2-171　"等级提升"游戏弹窗的内容

图2-172所示的弹窗界面左侧的"强化"文字为弹窗的标题；标题顶部的梅花花纹起到了美化画面的作用；中间区域的背后即弹窗的底框；弹框中的文字和图片即弹框的内容信息，玩家可以根据这些内容信息了解强化装备的方法；"自动炼器"和"长按炼器"按钮即操作按钮；单击界面右上角的×图标，即可退出该弹窗，返回之前的游戏界面。

装饰物 —

退出 —

标题 —

底框 —

内容信息 —

操作按钮 —

操作按钮 —

图2-172 "强化"游戏弹窗的内容

提示:

　　默认情况下,弹窗被设置成四四方方的界面效果。一些特殊的弹窗,如活动和充值弹窗,可以对弹窗外形进行自由设计。

---

2. 弹窗操作按钮复用解决方案

　　通用万能弹窗一般会设计两种颜色的按钮,分别代表肯定和否定的含义。两个按钮外形相同但颜色不同,表示肯定的按钮或希望玩家点击的按钮使用醒目的颜色;表示否定或不希望玩家点击的按钮使用存在感较弱的颜色,如图2-173所示。同时根据不同的按钮颜色,搭配两种按钮的文字外观,如图2-174所示。

图2-173 两种颜色的按钮外观　　　　　　图2-174 两种按钮的文字外观

　　按钮和文字的搭配和标题框类似,采用A+B的方式。由于按钮有两种颜色,所以按钮和文字的搭配方案也应增加为两套,如图2-175所示。

图2-175 两套完整的按钮外观

2.2.4 【任务实施】

　　为了便于读者学习,按照通用弹窗操作按钮设计制作流程,由简入繁,将任务划分为绘制游戏弹窗操作按钮底框、绘制游戏弹窗操作按钮花纹、制作游戏弹窗按钮立体效果和制作游戏弹窗"确定"/"取消"按钮4个步骤实施。图2-176所示为步骤内容和主要技能点。

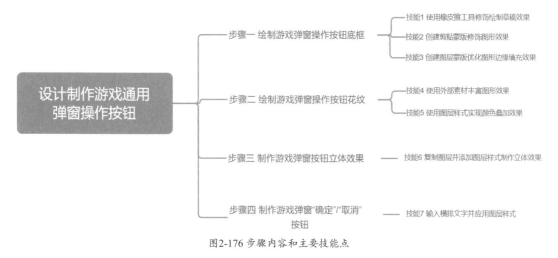

图2-176 步骤内容和主要技能点

步骤一 绘制游戏弹窗操作按钮底框

步骤01 启动Photoshop软件，新建一个1920×1080像素的文档，如图2-177所示。在"图层"面板中新建一个图层。使用"画笔工具"在画布上单击鼠标右键，在打开的画笔属性面板中设置参数，如图2-178所示。

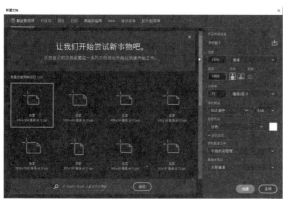

图2-177 新建文档

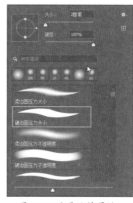

图2-178 设置画笔属性

步骤02 使用"画笔工具"将弹窗的草稿绘制出来，如图2-179所示。使用"放大镜"工具拖曳放大左侧按钮草稿，如图2-180所示。

图2-179 绘制弹窗草稿

图2-180 放大按钮草稿

步骤03 在"图层"面板中新建一个名为"按钮草稿"的图层，"图层"面板如图2-181所示。使用"画笔工具"细化按钮的草稿，如图2-182所示。

图2-181 新建图层

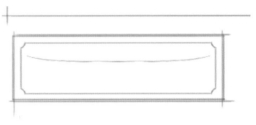

图2-182 细化按钮草稿

提示:

　　使用"橡皮擦工具"执行擦除操作时,建议选择"硬边圆压力不透明度"笔刷,这样能够获得边缘比较清晰、粗细均匀且两侧逐渐渐隐的擦除效果。

步骤 04 使用"橡皮擦工具"将"图层 1"上的按钮草稿擦除,如图2-183所示。单击工具箱中的"圆角矩形工具"按钮,在选项栏中设置圆角半径值为"10像素",沿草稿绘制一个圆角矩形,效果如图2-184所示。

图2-183 擦除"图层1"草稿

图2-184 绘制圆角矩形

提示:

　　用户可以通过拖曳圆角矩形内部的控制点调整圆角的半径值。按住【Alt】键的同时拖曳鼠标,将只调整对应顶点的圆角半径值。

步骤 05 为圆角矩形图层添加"渐变叠加"图层样式,在弹出的"图层样式"对话框中设置各项参数,如图2-185所示。单击"确定"按钮,渐变叠加效果如图2-186所示。

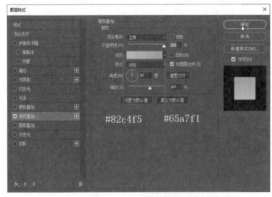

图2-185 设置"渐变叠加"样式的各项参数

图2-186 渐变叠加效果

步骤 06 在"图层"面板中拖曳调整"圆角矩形 1"图层的顺序,如图2-187所示,效果如图2-188所示。

图2-187 调整图层顺序

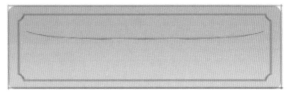

图2-188 图像效果

步骤07 继续为"圆角矩形 1"图层添加"内发光"图层样式，在弹出的"图层样式"对话框中设置各项参数，如图2-189所示。单击"确定"按钮，效果如图2-190所示。

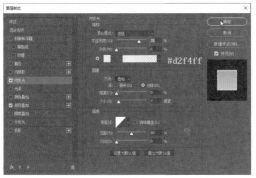
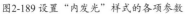

图2-189 设置"内发光"样式的各项参数

图2-190 按钮内发光效果

步骤08 使用"椭圆工具"绘制如图2-191所示的圆形路径。使用"直接选择工具"选择圆形顶部和左侧的锚点，按【Delete】键删除锚点，效果如图2-192所示。

图2-191 绘制圆形路径 　　　　　图2-192 删除多余锚点

步骤09 使用"路径选择工具"水平拖曳复制路径并镜像翻转，效果如图2-193所示。继续垂直复制并镜像路径，效果如图2-194所示。

图2-193 水平镜像复制路径 　　　　　图2-194 垂直镜像复制路径

步骤10 使用"钢笔工具"连接4段圆弧路径，完成效果如图2-195所示。选中"图层"面板中的圆角矩形和椭圆图层，使用"移动工具"，单击选项栏中的"水平居中对齐"按钮和"垂直居中对齐"按钮，将两个形状对齐，效果如图2-196所示。

图2-195 连接圆弧路径　　　　　　　　　　图2-196 对齐形状对象

提示：

在使用形状工具绘制图形的过程中，按住空格键，可以任意改变绘制形状的位置。松开空格键，可继续进行绘制操作。

步骤11 修改"椭圆 1"图层的"填充"不透明度为0%，如图2-197所示。为"椭圆 1"图层添加"描边"图层样式，在弹出的"图层样式"对话框中设置各项参数，如图2-198所示。

图2-197 修改"填充"不透明度　　　　图2-198 设置"描边"样式的各项参数

步骤12 单击"确定"按钮，描边效果如图2-199所示。单击"图层"面板底部的"创建新组"按钮，将"椭圆 1"图层拖曳到新建的图层组中，"图层"面板如图2-200所示。

图2-199 描边效果　　　　　　　　图2-200 "图层"面板

步骤13 为"组 1"图层组添加"外发光"图层样式，在弹出的"图层样式"对话框中设置各项参数，如图2-201所示。单击"确定"按钮，外发光效果如图2-202所示。

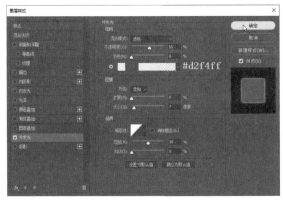

图2-201 设置"外发光"样式的各项参数

图2-202 外发光效果

步骤 14 使用"椭圆工具"在按钮上绘制一个椭圆形状图形,效果如图2-203所示。双击"椭圆 2"图层缩览图,修改其填充颜色为#dbf0ff,效果如图2-204所示。

图2-203 绘制椭圆

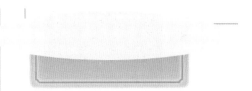

图2-204 修改椭圆填充颜色

步骤 15 将"椭圆 2"图层拖曳到"组 1"图层组中"圆角矩形 1"的上方并创建剪贴蒙版,如图2-205所示。双击"圆角矩形 1"图层,在弹出的"图层样式"对话框中选择"混合选项"选项,取消选择"将剪贴图层混合成组"复选框,如图2-206所示。

图2-205 创建剪贴蒙版

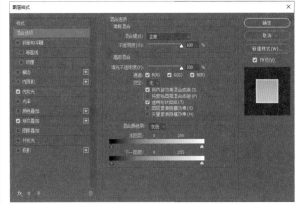

图2-206 设置"图层样式"对话框中的参数

提示:

按住【Alt】键的同时,将光标移动到两个图层的中间位置,当图标变成 时,按住鼠标左键并单击,即可完成剪贴蒙版的创建。

步骤 16 单击"确定"按钮,图像效果如图2-207所示。为"椭圆 2"图层添加图层蒙版,如图2-208所示。

步骤 17 设置"前景色"为黑色,选择"柔边圆压力不透明度"笔刷,设置笔刷不透明度为20%,使用"画笔工具"在蒙版上涂抹,效果如图2-209所示。

图2-207 按钮图像效果　　　　　　图2-208 添加图层蒙版

图2-209 在蒙版上涂抹后的效果

步骤 18 新建一个名为"底部高光层"的图层并与"圆角矩形 1"图层创建剪贴蒙版，"图层"面板如图2-210所示。设置"前景色"为#cff1ff，使用"画笔工具"绘制底部高光效果，如图2-211所示。

图2-210 创建剪贴蒙版　　　　　　图2-211 绘制底部高光

提示：

在绘制高光时，靠近按钮中心的位置颜色比较亮，靠近边缘的两侧和顶部的位置颜色比较柔和、比较浅。

步骤 19 设置"前景色"为#1cf9ff，继续使用"画笔工具"在按钮底部绘制涂抹，调亮底部，效果如图2-212所示。在"图层"面板中选中"组 1"图层组，为其添加图层蒙版，使用"画笔工具"在蒙版上涂抹黑色，降低底部描边的透明度，效果如图2-213所示。

图2-212 调亮按钮底部

图2-213 降低底部描边的透明度

步骤二 绘制游戏弹窗操作按钮花纹

步骤 01 将"按钮草稿"图层显示出来。新建一个图层，使用"画笔工具"在按钮左下角位置绘制如图2-214所示的花纹。

步骤02 使用"矩形选框工具"拖曳创建选框，选中绘制的花纹，按住【Alt】键的同时，使用"移动工具"向右侧水平拖曳复制并镜像，调整到如图2-215所示的位置。

图2-214 绘制按钮花纹

图2-215 水平镜像复制花纹

步骤03 按【Ctrl+E】组合键，将新建图层与"按钮草稿"图层合并为一个图层。使用"钢笔工具"沿花纹草稿将花纹形状路径绘制出来，如图2-216所示。

步骤04 在"图层"面板中选中所有花纹形状图层并合并为一层。双击合并形状图层左侧的缩览图，在弹出的"拾色器（纯色）"对话框中修改填充颜色为#5597d9，如图2-217所示。

图2-216 绘制花纹形状路径

图2-217 修改填充颜色

提示：

在使用"钢笔工具"绘制形状路径时，为了便于随时观察绘制效果，可以将形状"填色"暂时设置为一种明亮且鲜艳的颜色。

步骤05 在"图层"面板中修改形状图层的不透明度为50%，面板如图2-218所示，花纹效果如图2-219所示。

图2-218 修改图层不透明度

图2-219 花纹效果

步骤 06 使用"路径选择工具"选中花纹路径，按住【Alt】键的同时向右水平拖曳复制并镜像花纹，效果如图2-220所示。将"花纹.png"素材拖曳到Photoshop中，按【Enter】键，效果如图2-221所示。

图2-220 水平复制花纹 　　　　　　　　　　　　　　　图2-221 使用素材文件

步骤 07 按【Ctrl+T】组合键，将光标移动到控制框的边角上，按住鼠标左键并拖曳，缩小图像素材，如图2-222所示。在"图层"面板中将花纹图层拖曳到"底部高光"图层下方，如图2-223所示，效果如图2-224所示。

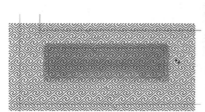

图2-222 缩小图像素材 　　　　　　图2-223 调整图层顺序 　　　　　　图2-224 图像效果

步骤 08 为图层添加"颜色叠加"图层样式，在弹出的"图层样式"对话框中设置各项参数，如图2-225所示。单击"确定"按钮，按钮效果如图2-226所示。

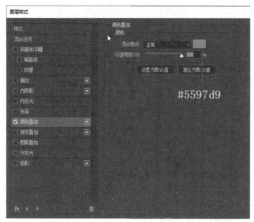

图2-225 设置"颜色叠加"样式的各项参数 　　　　　　图2-226 按钮效果

步骤 09 修改"花纹"图层的不透明度为10%，按钮底纹效果如图2-227所示。为"花纹"图层添加图层蒙版，使用"画笔工具"在蒙版上绘制黑色，将按钮边缘与中间花纹绘制遮罩，效果如图2-228所示。

图2-227 按钮底纹效果

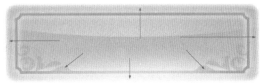
图2-228 添加图层蒙版效果

步骤三 制作游戏弹窗按钮立体效果

步骤 01 在"图层"面板中选择"圆角矩形 1"图层，按【Ctrl+J】组合键复制图层，如图2-229所示。选择"圆角矩形 1"图层，执行"窗口"→"样式"命令，在打开的"样式"面板中单击"基础"选项下的■图标，清除图层所有样式，如图2-230所示。

步骤 02 单击工具箱中的"移动工具"按钮，按4次键盘上的【↓】键，得到按钮的厚度，效果如图2-231所示。

图2-229 复制图层

图2-230 清除图层样式

图2-231 移动圆角矩形位置

步骤 03 双击图层缩览图，在弹出的"拾色器（纯色）"对话框中修改图层"填色"为#5597d9，单击"确定"按钮，效果如图2-232所示。在"图层"面板中将所有与按钮有关的图层放置在一个名为"按钮"的图层组中，"图层"面板如图2-233所示。

图2-232 修改填充颜色效果

图2-233 整理图层

步骤 04 为"按钮"图层组新建"投影"图层样式，在弹出的"图层样式"对话框中设置各项参数，如图2-234所示。单击"确定"按钮，投影效果如图2-235所示。

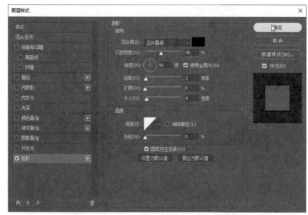

图2-234 设置"投影"样式的各项参数

图2-235 按钮投影效果

步骤四 制作游戏弹窗"确定"/"取消"按钮

步骤01 单击工具箱中的"横排文字工具"按钮,在画布上单击并输入如图2-236所示的文字。在选项栏中设置字体为"方正颜宋简体",字号为60点,文字的颜色为#e9fffc,移动文字到如图2-237所示的位置。

图2-236 输入文字

图2-237 设置文字参数

步骤02 同时选中"按钮"图层组和"取消"文字图层,使用"移动工具",单击选项栏中的"水平居中对齐"和"垂直居中对齐"按钮,效果如图2-238所示。为文字图层添加"外发光"图层样式,在弹出的"图层样式"对话框中设置各项参数,如图2-239所示。

图2-238 对齐文字和底框

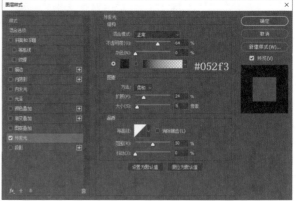

图2-239 设置"外发光"样式的各项参数

步骤03 单击"确定"按钮,按钮文字外发光效果如图2-240所示。在"图层"面板中新建一个名为"蓝色按钮"的图层组,将与按钮相关的所有图层放置进去,如图2-241所示。

图2-240 按钮文字外发光效果　　　　　图2-241 整理按钮图层

步骤 04 单击工具箱中的"移动工具"按钮，按住【Alt+Shift】组合键的同时，水平拖曳复制蓝色按钮到右侧按钮位置，如图2-242所示。修改复制图层组名称为"黄色按钮"，如图2-243所示。

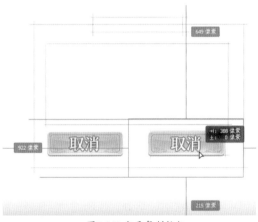

图2-242 水平复制按钮　　　　　图2-243 修改图层组名称

步骤 05 使用"横排文字工具"单击文字，修改文字内容为"确定"，如图2-244所示。修改文字的颜色为#fcffd7，如图2-245所示。

图2-244 修改文字内容　　　　　图2-245 修改文字颜色

步骤 06 双击"确定"图层的"外发光"样式，在弹出的"图层样式"对话框中修改外发光颜色为#5c4309，单击"确定"按钮，文本外发光效果如图2-246所示。

步骤 07 双击"圆角矩形 拷贝"图层的"渐变叠加"样式，在弹出的"图层样式"对话框中修改渐变叠加颜色为从#f6cf4c到#ffe175，如图2-247所示。

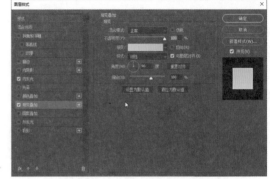

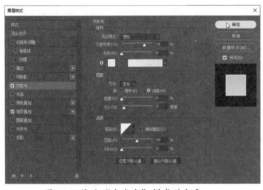

图2-246 文本外发光效果　　　　　　　　　图2-247 修改"渐变叠加"样式的颜色

步骤 08 选择左侧的"内发光"复选框，修改内发光颜色为#fcffd6，如图2-248所示。单击"确定"按钮，底框效果如图2-249所示。

图2-248 修改"内发光"样式的颜色　　　　　　　图2-249 底框效果

步骤 09 继续使用相同的方法，修改按钮其他图层中的颜色，完成"确定"按钮的制作。操作按钮的最终效果如图2-250所示。按钮的图层结构如图2-251所示。执行"文件"→"存储"命令，将文件保存为"按钮文件.psd"文件。

图2-250 操作按钮最终效果　　　　　　　　图2-251 按钮图层结构

2.2.5 【任务考核与评价】

本任务使用Photoshop完成通用弹窗界面操作按钮的设计制作，为了帮助读者理解设计制作游戏弹窗操作按钮的方法和技巧，完成本任务的学习后，需要对读者的学习效果进行评价。

● 评价点

· 游戏弹窗界面中操作按钮的装饰花纹是否对称摆放。

· 游戏弹窗界面中操作按钮的源文件元素是否分组管理。

· 游戏弹窗界面中的操作按钮是否具有"复用性"。

· 游戏弹窗界面中的操作按钮文字是否能与底框清晰区开。

● 评价表

评价表如表2-3所示。

表 2-3 评价表

任务名称	设计制作游戏通用弹窗操作按钮	组别		教师评价	（签名）	专家评价	（签名）
类别	评 分 标 准						得分
知识	完全掌握游戏弹窗操作按钮的复用解决方案，理解游戏弹窗操作按钮的光影原理，以及游戏弹窗操作按钮装饰花纹的对称性，并能灵活运用			15~20			
	基本掌握游戏弹窗操作按钮的复用解决方案，基本理解游戏弹窗操作按钮的光影原理，以及游戏弹窗操作按钮装饰花纹的对称性			10~14			
	未能完全掌握游戏弹窗操作按钮的复用解决方案，未能理解游戏弹窗操作按钮的光影原理，以及游戏弹窗操作按钮装饰花纹的对称性			0~9			
技能	高度完成游戏通用弹窗操作按钮制作，完整度高，设计制作精美，具有商业价值			40~50			
	基本完成游戏通用弹窗操作按钮制作，完整度尚可，设计制作美观，符合大众审美			20~39			
	未能完成完整的游戏通用弹窗操作按钮制作，设计制作不合理，作品仍需完善，需要加强练习			0~19			
素养	能够独立阅读，并准确画出学习重点，在团队合作过程中能主动发表自己的观点，能够虚心向他人学习并听取他人的意见及建议，工作结束后主动将工位整理干净			20~30			
	学习态度端正，在团队合作中能够配合其他成员共同完成学习任务，工作结束后能够将工位整理干净			10~19			
	不能够主动学习，学习态度不端正，不能完成既定任务			0~9			
总分				100			

2.2.6 【任务拓展】

完成本任务所有内容后，读者尝试设计如图2-252所示的游戏弹窗界面操作按钮。制作中要充分考虑操作按钮的"复用性"和"伸缩性"，同时做好文件图层的管理工作，以便设计完成后的资源整合输出。

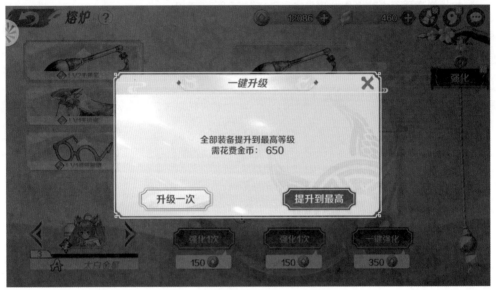

图2-252 游戏弹窗界面操作按钮

2.3 游戏通用弹窗界面资源整合与输出

2.3.1 【任务描述】

本任务将完成游戏通用弹窗界面的资源整合和输出，按照实际工作流程分为整合底框和操作按钮和输出弹窗界面素材两个步骤，输出内容包括文字、底框和界面效果图，如图2-253所示。

图2-253 游戏通用弹窗界面输出内容

源 文 件	源文件\项目二\任务3\导出素材\
素 材	素材\项目二\任务3
主要技术	图层组、图层不透明度、对齐对象、复制粘贴对象、新建文件、快速导出为 PNG 命令

扫一扫观看演示视频

2.3.2 【任务目标】

知识目标	1. 熟知游戏弹窗的设计尺寸规范 2. 熟知游戏弹窗的设计布局规范 3. 熟记游戏弹窗的设计造型规范 4. 熟记游戏弹窗界面的输出规范
技能目标	1. 能够完成游戏弹窗设计，并注重平衡性 2. 能够完成游戏弹窗输出，并注重复用性和伸缩性
素养目标	1. 培养学生精益求精的工匠精神 2. 培养学生的责任心及爱岗敬业的劳动态度

2.3.3 【知识导入】

1. 游戏弹窗设计规范

在设计游戏弹窗界面时，除了要考虑弹窗界面的美观性，还要考虑弹窗界面的尺寸、布局和造型等因素，以确保设计完成的弹窗界面的可用性。

● 尺寸规范

游戏弹窗没有具体尺寸要求，通常需要根据内容的多少选择合适的尺寸。以手机端游戏为例，弹窗的最大尺寸不能超过手机屏幕尺寸，最小尺寸不能影响玩家对弹出内容的阅读。以能够展示弹窗内容且稍有富余为宜，弹窗的边缘和内容、屏幕尺寸之间应保持一定的距离。不同的弹窗类型与设计尺寸如表2-4所示。

表 2-4 弹窗类型与设计尺寸外观

弹窗类型	举例	尺寸外观
内容较多且较为重要的功能性弹窗	商城弹窗、成就弹窗和技能弹窗等	使用尺寸较大、形状较为方正的弹窗外观
内容较少且不重要的功能性弹窗	信件弹窗、提示弹窗和说明弹窗等	使用尺寸较小、形状较为方正简洁的弹窗外观
内容较少但重要，与战斗、营销相关的弹窗	活动弹窗、充值弹窗和胜利弹窗等	使用尺寸较大、外形较为自由的弹窗外观

图2-254所示的"登录好礼"弹窗内容信息比较多，所以设计尺寸比较大。只在弹窗界面四周保留了几十像素的空间，界面中的内容排列得满满当当。因为该弹窗是一个功能弹窗，所以弹窗的外观也是规规矩矩的。在弹窗的左侧和右侧设计了装饰物，整个弹窗的形状保持为矩形。

图2-254 "登录好礼"弹窗

图2-255所示的"商城"弹窗是一个重要的且内容比较多的弹窗，所以它的外形也被设计成矩形。中间位置非常有条理地将商品分类排列，便于玩家浏览查看。

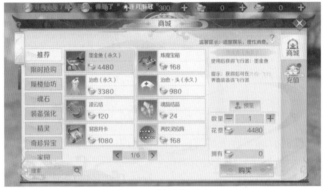

图2-255 "商城"弹窗

图2-256所示为一款不太重要的"一键升级"弹窗，弹窗内容信息比较少，弹窗的尺寸设置得也比较小，设计风格比较简洁，没有太多装饰物。

图2-257所示的"炼金"弹窗内容信息不多，并且也不重要，只是一个提示，所以弹窗的尺寸也比较小。把玩家必须要了解的信息显示在弹窗中，再放上一个"我知道了"按钮就可以了。

图2-256 "一键升级"弹窗

图2-257 "炼金"弹窗

图2-258所示的"棕夏夜之梦"弹窗属于内容很少却很重要的与活动相关的弹窗。它的外形经过精心的设计，与那种四四方方的弹窗不同，界面中绘制了一个很有设计感的中式桌子和屏风。通过添加粽子图形吸引玩家的注意，让玩家参与到游戏活动中来。

图2-258 "棕夏夜之梦"弹窗

图2-259所示的弹窗也属于内容比较少但是比较重要的活动弹窗。设计师设计了一个像转盘一样的圆形界面，吸引玩家的注意并促使玩家点击"开始"按钮。通过抽奖的方式，得到"师父的礼物"。

图2-259 "师父的礼物"弹窗

● 布局规范

游戏弹窗需要遵守玩家的阅读习惯，按照从上往下或由左向右的方式进行布局。内容较多的大型功能弹窗在展示内容时，可首先将内容区域分割成左右两部分，然后在分割的区域仍然按照从上往下、由左向右的顺序排版布局。

图2-260所示的"等级提升"弹窗就是一款标准的采用了从上往下布局的界面。上部为弹窗标题；中间为弹窗的内容信息，且内容信息都是采用从左向右的阅读方式；底部放置了一个操作按钮，玩家从上往下阅读完以后，单击"确定"按钮，即可关闭该弹窗。

图2-260 "等级提升"弹窗布局

图2-261所示的弹窗采用了左右分割的布局方式。将弹窗界面划分为左侧的"处世"和右侧的人物说明两部分。右侧的人物说明部分又划分为左侧的人物立绘展示和右侧的人物信息展示两部分。右侧的人物信息部分按照从上往下的方式布局，阅读完成后，通过点击操作按钮，完成对这个人物的了解。

图2-261 左右风格的弹窗布局

- 造型规范

游戏弹窗的外形原则上使用方正的造型，内容较少但重要的活动类弹窗可对弹窗的形状进行较为自由的设计。

弹窗的花纹及装饰物以不影响内容展示和玩家阅读为宜，设计师通常不会将花纹放置在弹窗的四周。

图2-262所示的"装备"弹窗是比较重要的弹窗，所以其版式采用了规规矩矩的排版方式。界面被划分为左右两部分，左侧显示装备列表，右侧显示装备的详细信息。

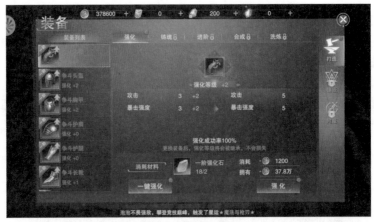

图2-262 "装备"弹窗

图2-263所示的"充值"弹窗为版式比较自由的弹窗。它的排版虽然也是按照从上往下、从左向右的方式，但其底框不是一个方正的底框，而是绘制了一个向两端翘起的自由花纹。这种类型的弹窗能够吸引玩家的注意力，促使玩家阅读弹窗内容。

图2-263 "充值"弹窗1

　　图2-264所示的"充值"弹窗也是一个比较重要且内容不多的弹窗。为了避免界面显得单调且空旷，在界面的左侧放置了一个漂亮的游戏角色，右侧显示界面的内容信息。

图2-264 "充值"弹窗2

　　图2-265所示的弹窗的中间位置为内容展示区域。弹窗界面首先被分为上下两部分。上面展示人物，下面展示人物技能。由于上面比较宽，因此设计师再次对上面进行了精细划分，划分为左右两部分，左侧放置人物小图，右侧放置人物技能说明。

　　装饰花纹放置在弹窗的两侧，尽量排列在弹窗的上、下、左、右4个边界，既美化了界面，又不影响玩家对弹窗的阅读与理解。

图2-265 弹窗花纹布局

● 其他规范

在设计游戏弹窗界面时，除了要了解弹窗的尺寸规范、布局规范和造型规范，还要注意弹窗的平衡性、复用性和伸缩性。

弹窗的平衡性

游戏弹窗在设计花纹时，要充分考虑其平衡性，避免出现头重脚轻或左右摇摆的情况。在设计花纹时不要将花纹都"挤"在一起，全部在上面，会显得头重脚轻；全部在左侧，会给人以左右摇摆、不协调的感觉。

提示：

建议将花纹采用对称的方式摆放，左边放一个，右边就放一个；上面放一个，下面也放一个；左上角有一个，右下角也要有一个。尽量让弹窗在视觉上保持平衡。

图2-266所示的"强化"弹窗界面中，左上角有一个花纹，为了平衡弹窗的视觉效果，在界面的右下角放置了一盏灯。

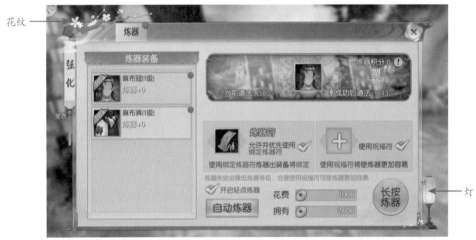

图2-266 平衡弹窗视觉效果

弹窗的复用性

设计师在设计弹窗界面时，要考虑其复用性，即同一套弹窗外形可在多个弹窗界面中重复使用。图2-267所示为"元宝商城"弹窗界面，界面中的装饰物和底框等元素可以被反复套用，应用到其他界面中，图2-268所示。即为套用了"元宝商城"弹窗元素的"充值"弹窗界面。

图2-267 "元宝商城"弹窗界面

图2-268 套用后的"充值"弹窗界面

图2-269所示的"背包"弹窗界面与"生活"弹窗界面使用了相同的底框和花纹,设计师只需要在界面中间设计不同的内容信息即可。

图2-269 使用了相同的底框和花纹的弹窗界面

图2-270所示的两个弹窗虽然尺寸不同,但却具有相同的外观。设计师在套用弹窗样式时,只需要根据不同的应用场合,适当拉伸一下弹窗尺寸即可。

图2-270 相同外观、不同尺寸的弹窗

弹窗的伸缩性

还需要考虑弹窗的伸缩性,以便于适配不同的弹窗界面。在绘制弹窗花纹时,可以将花纹绘制在弹窗的4个角上,弹窗上、下、左、右4个方向保持简洁的造型。

如图2-271所示的两个弹窗,宽度和高度可以随内容的多少自由拉伸。在设计花纹时,只在弹窗的4个角上绘制。弹窗的4个边框设计得简洁大方,可以进行自由的水平或垂直拉伸。

图2-271 可自由拉伸的弹窗

如图2-272所示的"告示"弹窗中，将花纹放置在弹窗的4个边角位置。当告示内容比较多时，弹窗可以根据内容自由拉伸。

图2-272 可拉伸的"告示"弹窗。

如图2-273所示的"仓库"弹窗也可以自由拉伸。弹窗的顶部、底部及左右两侧的木纹边框都使用了简单且相同的纹理效果，便于弹窗的套用及自由拉伸。

图2-273 "仓库"弹窗效果

2. 游戏弹窗界面输出规范

界面中不能通过程序制作出来的部分都需要进行输出。本项目的游戏通用弹窗界面需要输出"按钮"和"底框"两部分。输出格式为*.png格式。

输出按钮时，由于按钮的内容会随时发生变化，如"退出""好的"或者"正确"等，也有可能应用其他语言版本，如英文版本、日文版本等，因此，按钮的底框和文字需要单独输出。本项目案例中需要分别将标题框和标题文字、按钮框和按钮文字输出，如图2-274所示。

图2-274 按钮底框和文字单独输出

同时还要将游戏通用弹窗界面的界面效果图文件输出，与素材文件一起提交给开发人员，供开发人员参考使用。

提示：

　　所有输出的元素都必须放置在同一个文件夹内，以方便使用与管理。将输出完成的素材和界面效果图打包上传到服务器，供开发人员下载使用。

还有一点需要注意，通常情况下，弹窗的正文内容是由策划人员提供，由开发人员在游戏界面中展示的。界面设计师的任务是根据策划人员给出的文字内容，设计出尺寸合适的底框并将模板文字输入到文字区域。同时，在裁图输出时，对文字框的尺寸、坐标、字体、颜色和大小等参数进行标注，方便开发人员在游戏运行中正确调用，如图2-275所示。

图2-275 正文内容标注效果

2.3.4 【任务实施】

为了便于读者学习，按照通用弹窗界面资源整合输出流程，由简入繁，将任务划分为整合底框和操作按钮，以及输出弹窗界面素材两个步骤实施，图2-276所示为步骤内容和主要技能点。

图2-276 步骤内容和主要技能点

步骤 01 启动Photoshop，分别打开"**万能弹窗**.psd"、"**按钮文件**.psd"和"**背景**.jpg"文件，效果如图2-277所示。

图2-277 素材图像

步骤 02 激活"**按钮文件**"文档，在"图层"面板中同时选中两个按钮，如图2-278所示。使用"移动工具"将画布中的按钮拖曳到"**背景**"文档中，效果如图2-279所示。

图2-278 选中按钮图层

图2-279 拖动按钮到"背景"文档中

步骤 03 继续使用相同的方法，将"**万能弹窗**"文档中的弹窗底框的所有图层拖曳到"**背景**"文档中，如图2-280所示。将"各种草稿"图层显示出来，并选中所有底框图层组，如图2-281所示。

图2-280 拖动底框到"背景"文档中

图2-281 选中底框图层组

步骤 04 使用"移动工具"将底框对应移动到画布中心，如图2-282所示。在"图层"面板中将按钮图层组拖曳到所有图层上方，如图2-283所示。

图2-282 移动底框位置　　　　　　　　　　图2-283 调整按钮图层组位置

步骤 05 使用"移动工具"拖曳调整按钮的位置，对齐底框，如图2-284所示。在"背景"图层上方新建一个图层，如图2-285所示。

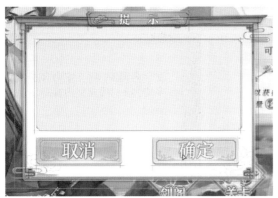

图2-284 对齐底框　　　　　　　　　　　图2-285 新建图层

步骤 06 按【D】键，恢复默认的前景色和背景色，按【Alt+Delete】组合键使用前景色填充图层，效果如图2-286所示。修改该图层的"不透明度"为50%，并修改图层名称为"50%黑色"，如图2-287所示。

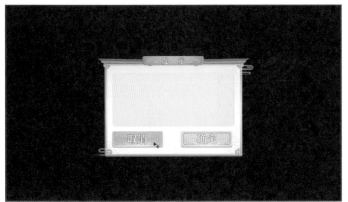

图2-286 用前景色填充图层　　　　　　图2-287 修改图层不透明度和图层名称

步骤07 添加了半透明黑色的背景效果如图2-288所示。单击工具箱中的"横排文字工具"按钮，在画布中按住鼠标左键并拖曳，创建如图2-289所示的文本框。

图2-288 背景效果   图2-289 创建文本框

提示：
　　文本框中的文字内容由策划和开发人员决定，界面设计师只需要将文字的字体、大小和颜色确定下来即可。

步骤08 输入如图2-290所示的文字内容。拖曳选中输入的文字，按【Ctrl+C】组合键，再按【Ctrl+V】组合键三次，将文字排满，效果如图2-291所示。

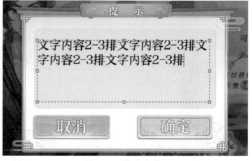

图2-290 输入文字内容   图2-291 排满文字

步骤09 拖曳选中所有文字，在选项栏中设置字体为"方正颜宋简体"，大小为46点，设置文字颜色为#37608c，效果如图2-292所示。单击"居中对齐文本"按钮，设置文字的对齐方式，效果如图2-293所示。

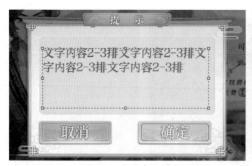

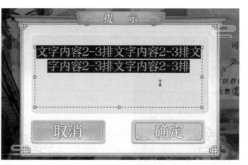

图2-292 设置字体样式   图2-293 设置文字的对齐方式

提示：
　　绘制完成后，可以将图像缩放到主流手机设备尺寸预览观察效果；也可以将设计文件输入到手机设备中预览，观察图像和文字的显示效果是否合理，主题是否明确，是否便于玩家阅读。

步骤01 检查最终的源文件,将同类型元素放置在同一个图层组中,如图2-294所示。在同一个图层组中,将文字和底框分别放置,如图2-295所示。

图2-294 将文件分组　　图2-295 分别放置文字和底框

步骤02 按住【Alt】键的同时单击"底框"图层组前的眼睛图标 ,将该图层组独立显示,如图2-296所示。按【Ctrl+A】组合键全选画布,执行"编辑"→"合并拷贝"命令或者按【Shift+Ctrl+C】组合键,合并拷贝图层组中的所有图层对象,如图2-297所示。

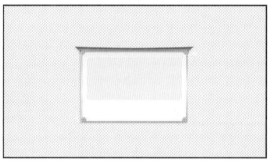
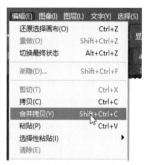

图2-296 独立显示"底框"图层组　　　　　图2-297 选择"合并拷贝"命令

步骤03 按【Ctrl+N】组合键,弹出"新建文档"对话框,单击"确定"按钮,新建一个与合并拷贝图层相同尺寸的文档,按【Ctrl+V】组合键,粘贴效果如图2-298所示。

提示:

　　在游戏UI设计中,输出文件的命名要按照"数字+字母+下画线"的形式。在设计项目前,会收到一个非常详细的关于文件命名规则的表。游戏界面不同位置的存储路径、命名格式和数字排序都有详细的规定。

步骤04 将"背景"图层隐藏,按【Ctrl+S】组合键,弹出"另存为"对话框,设置各项参数,如图2-299所示。将文件存储为"万能底框.png"文件。

图2-298 粘贴到新建文档中　　　　图2-299 设置"另存为"对话框中的选项

PNG格式支持透明度且色彩范围广，并且可包含所有的Alpha通道，采用无损压缩方式，不会损坏图像的质量。

步骤 05 单击"确定"按钮，弹出"PNG格式选项"对话框，如图2-300所示。单击"确定"按钮，完成底框元素的导出操作。

步骤 06 返回"背景"文件，按住【Alt】键的同时单击"底框"图层前的眼睛图标，取消其独立显示。将"标题框"图层组展开并将"标题框背景"图层组独立显示，如图2-301所示。

图2-300 "PNG格式选项"对话框　　　图2-301 独立显示"标题框背景"图层组

步骤 07 继续使用步骤02~步骤05的方法，将标题框背景输出为"万能底框标题背景.png"，效果如图2-302所示。将光标移动到"提 示"图层上，单击鼠标右键，在弹出的快捷菜单中选择"快速导出为PNG"命令，如图2-303所示。

图2-302 标题框背景文件　　　　　　图2-303 选择"快速导出为PNG"命令

步骤 08 在弹出的"另存为"对话框中设置文件名为"提示"，格式为.png，单击"保存"按钮，即可将当前图层对象导出，如图2-304所示。继续使用相同的方法，将界面中的其他元素导出，导出的所有对象如图2-305所示。

图2-304 导出提示文字　　　　　　　图2-305 导出的所有对象

在导出同类型对象时，比如本案例中的蓝色按钮和黄色按钮，两个按钮文件的尺寸要保持一致，在导出前要仔细比对检查。

步骤 09 返回"背景"文件，按【Ctrl+S】组合键，在弹出的"另存为"对话框中将文件存储为"万能弹窗效果图.jpg"，如图2-306所示。单击"保存"按钮，保存效果如图2-307所示。

图2-306 设置"另存为"对话框中的选项

图2-307 导出界面效果图

> **提示：**
> 效果图的主要作用是方便开发人员了解游戏界面的布局和结构，确保开发出与设计稿一致的多页界面效果。

2.3.5 【任务考核与评价】

本任务主要完成通用游戏弹窗界面资源的整合与输出，为了帮助读者理解本任务所学内容，完成本任务的学习后，需要对读者的学习效果进行评价。

- 评价点
- · 游戏界面图像和文字显示效果是否合理，主题是否明确。
- · 输出的游戏界面素材文件尺寸是否符合规范。
- · 输出的界面素材文件格式是否为透明背景的PNG格式。
- · 游戏弹窗界面中的操作按钮是否具有复用性和伸缩性。

- 评价表

评价表如表2-5所示。

表 2-5 评价表

任务名称	游戏通用弹窗界面资源整合输出	组别		教师评价	（签名）	专家评价	（签名）
类别	评分标准						得分
知识	完全掌握游戏界面中各元素的尺寸规范性要求，图像和文字布局合理性要求，游戏界面元素输出的行业规范性要求，并能灵活运用			15~20			
	基本掌握游戏界面中各元素的尺寸规范合理性，图像和文字布局规范性，游戏界面元素输出符合行业输出要求			10~14			
	未能完全掌握游戏界面中各元素的尺寸规范合理性，不符合图像和文字布局规范性			0~9			

表 2-5 评价表（续）

类别	评分标准		得分
技能	高度完成游戏通用弹窗界面资源整合输出制作，完整度高，设计制作精美，具有商业价值	40~50	
	基本完成游戏通用弹窗界面资源整合输出制作，完整度尚可，设计制作美观，符合大众审美	20~39	
	未能完成完整的游戏通用弹窗界面资源整合输出制作，设计制作不合理，作品仍需完善，需要加强练习	0~19	
素养	能够独立阅读，并准确画出学习重点，在团队合作过程中能主动发表自己的观点，能够虚心向他人学习并听取他人的意见及建议，工作结束后主动将工位整理干净	20~30	
	学习态度端正，在团队合作中能够配合其他成员共同完成学习任务，工作结束后能够将工位整理干净	10~19	
	不能够主动学习，学习态度不端正，不能完成既定任务	0~9	
总分		100	

2.3.6 【任务拓展】

完成本任务所学内容后，读者尝试设计如图2-308所示的游戏弹窗界面，并尝试整合输出游戏弹窗界面中的各种素材。输出素材时，注意使用规范的命名方式，以便其他人员使用。

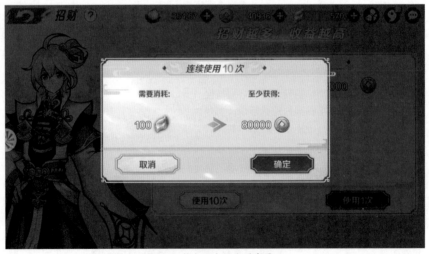

图2-308 整合输出游戏弹窗界面

2.4 项目总结

通过本项目的学习，读者完成了"设计制作通用弹窗标题框和底框"、"设计制作游戏通用弹窗操作按钮"和"游戏通用弹窗资源整合输出"3个任务。通过完成这3个任务，读者应掌握游戏弹窗界面的设计规范和设计要求，并能够使用Photoshop完成弹窗界面的绘制和输出。

2.5 巩固提升

完成本项目学习后，接下来通过几道课后测试，检验一下对"设计制作游戏通用弹窗界面"的学习效果，同时加深对所学知识的理解。

一、选择题

在下面的选项中，只有一个是正确答案，请将其选出来并填入括号内。

1. 玩家在游戏中获得胜利、死亡或者一局战斗结束，出现的胜利、死亡提示弹窗或战斗结束弹窗，此类弹窗为（ ）。

A. 主动场合弹窗

B. 被动场合弹窗

C. 协议场合弹窗

D. 以上都不对

2. 下列选项中，不属于游戏弹窗中的内容的是（ ）。

A. 弹窗标题

B. 内容信息

C. 操作按钮

D. 弹窗音效

3. 下列关于游戏弹窗尺寸设计规范的叙述中，正确的是（ ）。

A. 游戏弹窗的尺寸没有具体尺寸要求

B. 通常需要根据内容的多少选择合适的尺寸

C. 弹窗的最大尺寸可以超过手机屏幕尺寸

D. 弹窗的边缘和内容、屏幕尺寸之间应保持一定的距离

4. 内容较多的大型功能弹窗在展示内容时，可首先将内容区域进行分割，分割成（ ）两部分，然后在分割的区域内仍然按照从上往下、从左向右的顺序排版布局。

A. 上下

B. 左右

C. 前后

D. 大小

5. 游戏弹窗在设计花纹时，为了避免出现头重脚轻或左右摇摆的情况，要充分考虑其（ ）。

A. 平衡性

B. 复用性

C. 伸缩性

D. 全面性

二、判断题

判断下列各项叙述是否正确，对，打"√"；错，打"×"。

1. 设计师在设计弹窗界面时，要考虑其复用性，即同一套弹窗外形可在多个弹窗界面中重复使用。（　　）

2. 在绘制弹窗花纹时，可以将花纹绘制在弹窗的中心，弹窗上、下、左、右4个方向应保持简洁的造型。（　　）

3. 通用弹窗一般会设计两种颜色的按钮，分别代表肯定和否定的含义。（　　）

4. 按钮和文字的搭配应采用A+B的方式。由于按钮有两种颜色，所以按钮和文字的搭配方案也应增加为两套。（　　）

5. 由于按钮的内容会随时发生变化，因此按钮的底框和文字需要一起输出。（　　）

三、创新题

使用本项目所学的内容，读者充分发挥自己的想象力和创作力，参考如图2-309所示的游戏弹窗界面，设计制作一款武侠风风格的游戏弹窗界面，在注意弹窗"复用性"和"伸缩性"的同时，做好资源整合和元素输出的工作。

图2-309 参考游戏弹窗界面

PROJECT 3

设计制作游戏登录界面

公告

切换账号

【项目描述】

本项目将完成一个游戏登录界面的设计制作。按照游戏界面设计实际工作流程，依次完成"设计制作游戏Logo文字标题""设计制作游戏Logo鎏金质感和背景"和"设计制作游戏登录界面功能图标"3个任务，最终的完成效果如图3-1所示。

图3-1 游戏登录界面效果

通过完成该项目的制作，帮助读者了解游戏登录界面的定义和作用；了解游戏登录界面的主要组成部分，掌握设计制作游戏登录界面的方法和要点；并能够举一反三将所学内容应用到其他游戏登录界面的设计中。

【项目需求】

根据研发组的要求，下发设计工作单，对界面设计注意事项、制作规范和输出规范等制作项目提出详细的制作要求。设计人员根据工作单要求在规定的时间内完成登录界面的设计制作。工作单内容如表3-1所示。

表 3-1 某游戏公司游戏 UI 设计工作单

工作单							
项目名	设计制作游戏登录界面					供应商	
分类	任务名称	开始日期	提交日期	游戏 Logo	开始按钮	功能按钮	工时小计
UI	登录界面			4 天	2 天	2 天	

表 3-1 某游戏公司游戏 UI 设计工作单（续）

工作单		
备注	注意事项	登录界面中要包含游戏名称、服务器选择、开始按钮、辅助功能图标和健康游戏提示
	制作规范	游戏界面为手游游戏界面，要注意设置正确的界面尺寸。本项目界面尺寸为 1920×1080 像素；游戏 Logo 单独设计并存储为透底的 PNG 格式；游戏名称位于界面中心位置；选择服务器和开始游戏按钮位于界面底部中心位置；辅助功能按钮位于界面右侧
	输出规范	将登录界面设计稿导出为 PNG 图片素材，以供开发人员使用

【项目目标】

本项目包括知识目标、技能目标和素养目标，具体内容如下。

● 知识目标

通过本项目的学习，应达到如下知识目标。

· 熟知游戏登录界面的定义。
· 熟记游戏登录界面的结构。
· 熟知游戏登录界面的作用。
· 熟悉游戏登录界面的制作流程。
· 熟记游戏登录界面的整合输出方法。

● 技能目标

通过本项目的学习，应达到如下技能目标。

· 能够完成游戏Logo的设计制作。
· 能够完成文字鎏金质感的制作。
· 能够完成云纹背景的绘制。
· 能够完成游戏登录界面草稿的绘制。
· 能够完成登录界面功能按钮的绘制。

● 素养目标

通过本项目的学习，应达到如下素养目标。

· 具有在因特网中查找相关资料的能力。
· 具有较强的自主学习和自我管理能力。
· 积极弘扬中华美育精神，引导学生自觉传承中华优秀传统艺术，增强文化自信。
· 培养学生精益求精的工匠精神和爱岗敬业的劳动态度。
· 培养学生的创新意识。

【项目导图】

本项目讲解设计制作游戏登录界面的相关知识内容，主要包括"设计制作游戏Logo文字标题""设计制作游戏Logo鎏金质感和背景"和"设计制作游戏登录界面功能图标"3个任务，任务实施内容与操作步骤如图3-2所示。

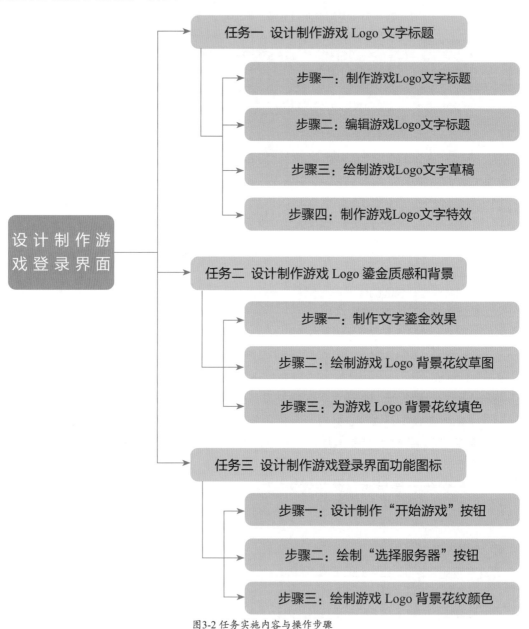

图3-2 任务实施内容与操作步骤

3.1 设计制作游戏Logo文字标题

3.1.1 【任务描述】

游戏Logo中通常会包含制作精美的文字效果，为了避免字体的版权问题，同时又可获得满意的文字特效，通常会重新绘制游戏Logo中的文字。

本任务将完成《梦间集》游戏Logo文字标题的设计制作。按照实际工作中的制作流程，将制作过程分为制作游戏Logo文字标题、编辑游戏Logo文字标题、绘制游戏Logo文字草稿和制作游戏Logo文字特效4个步骤。完成后的游戏Logo文字标题效果如图3-3所示。

图3-3 游戏Logo文字标题效果

源 文 件	源文件\项目三\任务1\设计制作游戏 Logo 文字标题 .psd
素 材	素 材\项目三\任务1
主要技术	"通道"面板、智能对象、多边形套索工具、变形、斜切、自由变换、旋转视图工具、画笔工具

扫一扫观看演示视频

3.1.2 【任务目标】

知识目标	1. 熟知游戏登录界面的定义 2. 熟知游戏登录界面的组成元素 3. 熟记游戏登录界面元素的摆放位置
技能目标	1. 能够获取游戏 Logo 字体 2. 能够设计制作毛笔字效果 3. 能够绘制标题文字草稿
素养目标	1. 传承中国传统文化，弘扬国风游戏风格，树立民族自信 2. 培养学生精益求精的工匠精神和爱岗敬业的劳动态度

3.1.3 【知识导入】

登录界面是玩家点击手机桌面上的游戏App图标打开游戏后，展示在玩家面前的第一个与游戏相关的页面。登录界面将直接影响玩家对游戏的第一印象，是一个非常重要的界面。登录界面能够起到展示游戏名称、展示游戏形象、选择服务器、展示游戏信息和提示健康游戏的作用。

为了让玩家从杂乱的手机桌面过渡到游戏当中，获得沉浸的游戏体验，一般都会提供一个比较华丽、漂亮、炫酷的游戏登录界面。

图3-4所示为《战神遗迹》游戏登录界面。该登录界面的背景使用了一个炫酷的动画效果，展示了游戏中出现的相关元素。该游戏登录界面左上角为游戏名称，中间位置放置了服务器选择和开始游戏功能，右侧放置了客服、公告和设置等辅助按钮。版权说明、游戏信息和健康游戏提示被放置在界面中间最下面的位置。

图3-4 《战神遗迹》游戏登录界面

1. 游戏名称

游戏名称通常放置在游戏登录界面中最醒目的中心位置，让玩家可以非常直观地了解游戏的名字，快速给玩家留下印象。出于营销目的，一些具有高知名度的大制作游戏并不会将游戏名称放置在登录界面中，以达到增加神秘感或配合营销的目的。

图3-5所示为一款不放置游戏名的游戏登录界面。由于该游戏在上线之前进行了大量的营销和广告宣传，目标玩家对这个游戏的名称已经记忆深刻，所以游戏登录界面中就省略了游戏名称。

图3-5 不放置游戏名称的游戏登录界面

2. 进入游戏按钮

进入游戏按钮是游戏登录界面中的必备内容，它包括选择登录按钮、选择服务器按钮和开始游戏按钮。玩家浏览到登录界面后，如果被游戏吸引，就可以通过点击按钮，快速进入游戏。图3-6所示为游戏《火炬之光》的登录界面，"开始游戏"按钮放置在界面的底部中间位置。

图3-6 《火炬之光》游戏登录界面

3. 辅助信息按钮

辅助信息按钮一般会放置在登录界面的左右两侧，包括公告、客服、设置、扫码等功能。通过点击这些按钮，可以帮助玩家了解游戏的各种信息。图3-7所示为游戏《旧日传说》的登录界面，辅助信息按钮放置在界面的右侧。

图3-7 《旧日传说》游戏登录界面

4. 健康游戏提示

健康游戏提示一般包括游戏版权信息和游戏健康提示两部分内容。通常放置在游戏登录界面底部的中心位置，也可放置在顶部中心位置，用来提醒玩家合理分配时间、有节制地、高效地进行游戏。图3-8所示为游戏《我的起源》的登录界面，健康游戏提示放置在界面底部中间位置。

图3-8 《我的起源》游戏登录界面

通过分析游戏的登录界面可以发现，无论登录界面采用哪种布局与沟通方式，界面中包含的内容基本相同，都包括游戏名称、选择服务器、开始按钮、辅助按钮和游戏信息等内容，如图3-9所示。

图3-9 包含相同内容的游戏登录界面

图3-10所示为游戏《神魔大陆》的登录界面。界面背景采用了炫酷的动画。游戏名称放置在界面的中间位置；下方为选择服务器和开始游戏按钮；左侧为一些辅助按钮；游戏信息和健康游戏提示放置在界面的正上方。

图3-10 《神魔大陆》游戏登录界面

3.1.4 【任务实施】

按照通用弹窗设计制作流程，由简入繁，将任务划分为制作游戏Logo文字标题、编辑游戏Logo文字标题、绘制游戏Logo文字草稿和制作游戏Logo文字特效4个步骤实施。图3-11所示为步骤内容和主要技能点。

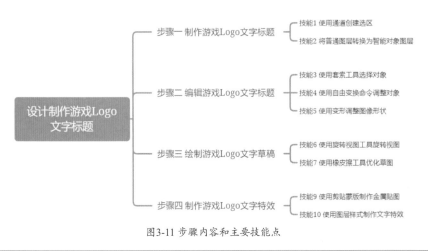

图3-11 步骤内容和主要技能点

```
                                                        ┌─ 技能1 使用通道创建选区
                              步骤一 制作游戏Logo文字标题 ─┤
                                                        └─ 技能2 将普通图层转换为智能对象图层

                                                        ┌─ 技能3 使用套索工具选择对象
                              步骤二 编辑游戏Logo文字标题 ─┼─ 技能4 使用自由变换命令调整对象
  设计制作游戏Logo                                        └─ 技能5 使用变形调整图像形状
  文字标题
                                                        ┌─ 技能6 使用旋转视图工具旋转视图
                              步骤三 绘制游戏Logo文字草稿 ─┤
                                                        └─ 技能7 使用橡皮擦工具优化草图

                                                        ┌─ 技能9 使用剪贴蒙版制作金属贴图
                              步骤四 制作游戏Logo文字特效 ─┤
                                                        └─ 技能10 使用图层样式制作文字特效
```

步骤一 制作游戏Logo文字标题

步骤 01 启动Photoshop软件，执行"文件"→"新建"命令，在弹出的"新建文档"对话框中设置文档尺寸为1000像素×1000像素，分辨率为72像素/英寸，其他参数设置如图3-12所示。单击"创建"按钮，创建一个Photoshop文档，软件界面如图3-13所示。

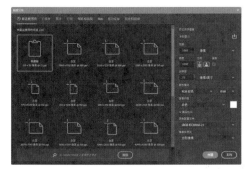

图3-12 在"新建文档"对话框中设置参数

图3-13 新建文档

提示：

　　如果用户想使用旧版本Photoshop的"新建文档"对话框，可执行"编辑"→"首选项"→"常规"命令，在弹出的"首选项"对话框中选择"使用旧版'新建文档'界面"复选框。

步骤 02 执行"文件"→"打开"命令，将素材文件"素材包\素材\项目二\2-1.tif"文件打开，效果如图3-14所示。执行"窗口"→"通道"命令，打开"通道"面板，如图3-15所示。

图3-14 打开素材文件

图3-15 "通道"面板

如果想获得其他文字素材，用户可以通过在网上搜索字体网站，在字体网站中选择适合的字体后获得。

步骤 03 将光标移动到"蓝"通道上，按住鼠标左键并向下拖曳到"创建新通道"按钮上，得到"蓝拷贝"通道，如图3-16所示。

步骤 04 选中"蓝 拷贝"通道，执行"图像"→"调整"→"色阶"命令或者按【Ctrl+L】组合键，弹出"色阶"对话框，设置各项参数，如图3-17所示。单击"确定"按钮，图像背景变为纯白色，如图3-18所示。

图3-16 复制"蓝"通道　　　　图3-17 设置参数　　　　图3-18 调整色阶后的图像效果

步骤 05 按住【Ctrl】键的同时单击"蓝 拷贝"通道，创建文字选区，如图3-19所示。选择"图层"面板中的"背景"图层，如图3-20所示。

图3-19 创建文字选区　　　　　　图3-20 选择"背景"图层

步骤 06 执行"选择"→"反选"命令或者按【Shift+Ctrl+I】组合键，反选选区，选中黑色文字，如图3-21所示。按【Ctrl+C】组合键复制选中内容，返回新建文档，按【Ctrl+V】组合键粘贴复制的内容，如图3-22所示。

图3-21 反选选区　　　　　　图3-22 粘贴复制的内容到新文档中

步骤07 使用"自由套索工具"拖曳选中"间"字，按【Ctrl+X】组合键，再按【Ctrl+V】组合键，将文字放置在一个单独图层中，如图3-23所示。

步骤08 继续使用相同的方法，将其他两个文字放置在不同的图层中，效果如图3-24所示。修改图层名称，如图3-25所示。

图3-23 剪切复制到新图层中　　　　图3-24 文字效果　　　　图3-25 修改图层名称

步骤09 在图层上单击鼠标右键，在弹出的快捷菜单中选择"转换为智能对象"命令，如图3-26所示。将图层转换为智能对象图层，如图3-27所示。

图3-26 选择"转换为智能对象"命令　　图3-27 转换为智能对象图层

步骤10 使用相同的方法将其他两个图层转换为智能对象图层，如图3-28所示。使用"移动工具"调整文字的位置，按【Ctrl+T】组合键调整文字大小，效果如图3-29所示。

图3-28 将其他两个图层转换为智能对象图层　　　　图3-29 调整文字位置和大小

提示：

由于版权问题，案例中的书法文字不能直接使用，而且也缺乏设计感，无法起到吸引用户注意力的作用，因此需要对文字进行二次创作。

步骤01 按住【Ctrl】键的同时依次单击文字图层，选中3个图层，如图3-30所示。将选中的3个图层拖曳到"图层"面板底部的"创建新图层"按钮上，复制3个图层，如图3-31所示。

步骤02 确定已选中3个复制图层，单击"图层"面板底部的"创建新组"按钮，将选中图层编组，如图3-32所示。修改图层组名称为"原始文字备份"，如图3-33所示。

图3-30 选中图层　　　　图3-31 复制图层　　　　图3-32 创建图层组　　　　图3-33 修改图层组名称

步骤03 单击图层组前的 ◉ 图标，隐藏图层组。选中"梦"图层，将其拖曳到所有图层上方，单击鼠标右键，在弹出的快捷菜单中选择"栅格化图层"命令，如图3-34所示。将"梦"图层栅格化为普通图层，如图3-35所示。

步骤04 继续使用相同的方法，将其他两个图层也栅格化为普通图层，如图3-36所示。

图3-34 选择"栅格化图层"命令　　图3-35 栅格化图层　　　　图3-36 栅格化其他图层

步骤05 选中"梦"图层，使用"多边形套索工具"选择文字的笔画，如图3-37所示。按【Ctrl+T】组合键自由变换笔画，效果如图3-38所示。

 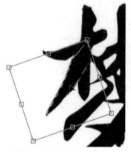

图3-37 选中文字笔画　　　　图3-38 自由变换笔画

步骤 06 继续选中如图3-39所示的笔画。按【Ctrl+T】组合键自由变换，效果如图3-40所示。

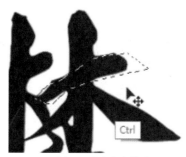
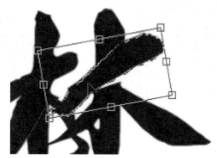

图3-39 选中文字笔画　　　　　　　　　　图3-40 自由变换笔画

步骤 07 继续选中如图3-41所示的笔画。按【Ctrl+T】组合键自由变换，效果如图3-42所示。

图3-41 选中文字笔画　　　　　　　　　图3-42 自由变换笔画

步骤 08 继续选中如图3-43所示的笔画。按【Ctrl+T】组合键自由变换，效果如图3-44所示。

图3-43 选中文字笔画　　　　　　　　图3-44 自由变换笔画

步骤 09 继续选中文字笔画并自由变换，效果如图3-45所示。继续选中文字笔画并自由变换，效果如图3-46所示。单击鼠标右键，在弹出的快捷菜单中选择"斜切"命令，如图3-47所示。拖曳变换框底部的锚点并水平移动，效果如图3-48所示。

图3-45 变换文字笔画　　　　　图3-46 变换文字笔画　图3-47 选择"斜切"命令　　图3-48 斜切效果

步骤10 修改后的文字前后对比效果如图3-49所示。继续选中"间"字笔画并自由变换，效果如图3-50所示。

前　　　　　　　　　　　　后

图3-49 "梦"字调整前后的效果对比　　　　　图3-50 变换文字笔画

步骤11 选中文字笔画并自由变换，效果如图3-51所示。

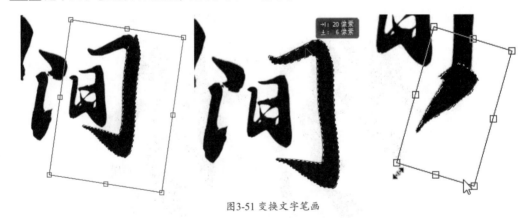

图3-51 变换文字笔画

步骤12 确定自由变换框处于激活状态，单击鼠标右键，在弹出的快捷菜单中选择"变形"命令，如图3-52所示。拖曳调整变形网格，如图3-53所示。笔画效果如图3-54所示。

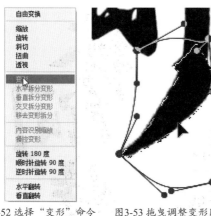

图3-52 选择"变形"命令　　图3-53 拖曳调整变形网格　　　　　　图3-54 笔画效果

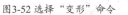

小技巧：

　　用户也可以通过单击选项栏中的"在自由变换和变形模式之间切换"按钮，快速进入变形模式。

步骤13 选中文字笔画并自由变换，如图3-55所示。按照前面介绍的方法执行"斜切"命令，拖曳变换框底部的锚点并水平移动，效果如图3-56所示。

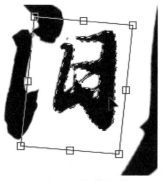

图3-55 变换文字笔画　　　　　　图3-56 斜切效果

步骤14 选中文字笔画并自由变换，如图3-57所示。调整后的文字前后对比效果如图3-58所示。

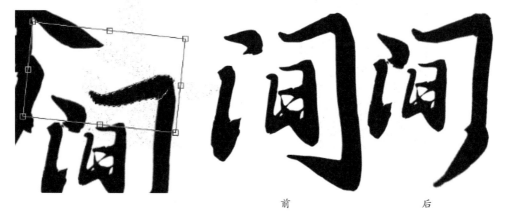

前　　　　　　　　后

图3-57 变换文字笔画　　　　　　图3-58 "间"字调整前后的效果对比

步骤15 继续使用相同的方法调整"集"字笔画，调整后的文字前后对比效果如图3-59所示。调整后的游戏Logo文字效果如图3-60所示。

前　　　　　　　　　后

图3-59 "集"字调整前后的效果对比　　　　　图3-60 游戏Logo文字调整效果

步骤三　绘制游戏Logo文字草稿

步骤01 单击"图层"面板底部的"创建新图层"按钮,新建一个名为"草稿"的图层,如图3-61所示。单击工具箱中的"画笔工具"按钮,选择"硬边圆压力不透明度"笔刷,设置笔刷大小为3像素,前景色为#32d23f,沿文字绘制如图3-62所示的线条。

图3-61 新建"草稿"图层

图3-62 绘制线条轮廓

步骤02 继续使用"画笔工具"沿文字轮廓绘制线条,效果如图3-63所示。继续使用相同的方法,绘制出其他两个文字的轮廓,效果如图3-64所示。

图3-63 绘制文字线条轮廓　　　　　　　　图3-64 绘制其他两个文字轮廓

步骤 03 将文字图层的不透明度设置为50%，以便观察绘制的线条，如图3-65所示。继续使用"画笔工具"精细勾勒文字线条轮廓，如图3-66所示。单击工具箱中的"橡皮擦工具"按钮，在线条上拖曳修饰线条轮廓，效果如图3-67所示。

图3-65 设置图层不透明度　　　　图3-66 勾勒文字线条轮廓　　　　图3-67 修饰线条轮廓

提示：

　　使用"橡皮擦工具"修饰线条时，也可以选择"硬边圆压力不透明度"笔刷，使用它擦的效果比较清晰，也比较干净。

步骤 04 继续使用相同的方法，绘制出"梦"字线条轮廓，效果如图3-68所示。修改"梦"图层的不透明度为20%，继续绘制线条轮廓，效果如图3-69所示。

图3-68 绘制文字线条轮廓　　　　　　　图3-69 继续绘制文字线条轮廓

提示：

　　为了获得更好的绘制效果，通常会使用绘画板完成绘制。用户右手拿着绘图笔，左手放置在键盘上，以便配合快捷键绘画。

步骤 05 绘制完成的"梦"字线条轮廓如图3-70所示。继续使用相同的方法，分别完成其他两个文字线条轮廓的绘制，如图3-71所示。

图3-70 "梦"字线条轮廓　　　　　　　图3-71 完成其他文字线条轮廓的绘制

提示：

此步骤勾勒出的游戏Logo字体大致轮廓外形比较粗糙，接下来选择使用另外一种颜色，用更加细致、平滑、精细的线条再次勾勒字体轮廓，以便后期进行其他操作。

步骤 06 新建一个名为"草稿2"的图层，如图3-72所示。单击工具箱中的"旋转视图工具"按钮，在画布中按住鼠标左键并拖曳，调整画布的角度，如图3-73所示。

图3-72 新建图层　　　　　　　　图3-73 旋转视图

提示：

在绘制精细草稿时，如果绘制线条不太顺手，可以使用"旋转视图工具"旋转绘制视图，以方便不同角度线条的绘制。

步骤 07 设置前景色为#ff00ea，使用"画笔工具"沿绿色草稿绘制精细草稿，如图3-74所示。使用"旋转视图工具"旋转画布视图，继续使用"画笔工具"绘制草稿，效果如图3-75所示。

图3-74 沿绿色草稿绘制精细草稿 　　　　　　图3-75 旋转视图并绘制精细草稿

小技巧：

　　绘制过程中，如果出现绘制错误的情况，可以通过按【Ctrl+Z】组合键，实现逐步向后撤销绘制步骤的操作。

步骤 08 绘制完成后，将"梦"图层隐藏，继续使用"画笔工具"修饰刚刚绘制的草稿，效果如图3-76所示。继续使用相同的方法，绘制其他两个文字的精细草稿，效果如图3-77所示。

图3-76 "梦"字精细草稿 　　　　　　　图3-77 绘制其他两个文字的精细草稿

步骤 09 新建一个名为"原始文字备份2"的图层组，将除"草稿2"图层和"背景"图层以外的其他图层移动到该图层组中，并隐藏"演示文字备份2"图层组，"图层"面板如图3-78所示。游戏Logo文字精细草稿效果如图3-79所示。

图3-78 "图层"面板 　　　　　　图3-79 游戏Logo文字精细草稿效果

步骤 01 新建一个名为"梦间集"的图层，"图层"面板如图3-80所示。单击工具箱中的"套索工具"按钮 ，沿着草稿创建稍微有一点波浪的选区，如图3-81所示。

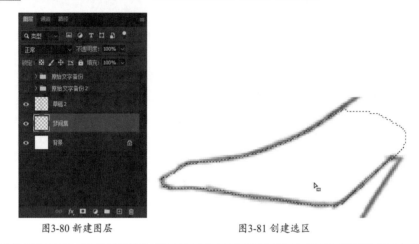

图3-80 新建图层　　　　　　　　　　　　图3-81 创建选区

提示:

本任务中的游戏Logo文字模拟毛笔手绘效果，所以文字轮廓边缘不能使用平滑的"钢笔工具"创建，使用自由的"套索工具"可以创建出更接近手绘效果的选区。

小技巧:

为文字轮廓创建选区时，不要一次性建立，而是建议分块建立。这是因为创建一个复杂的选区，对初学者而言通常难度较高，可以采用勾勒一段选区，填一部分颜色的方法。

步骤 02 设置前景色为#988f97，按【Alt+Delete】组合键，使用前景色填充选区，效果如图3-82所示。继续使用"套索工具"创建如图3-83所示的选区。

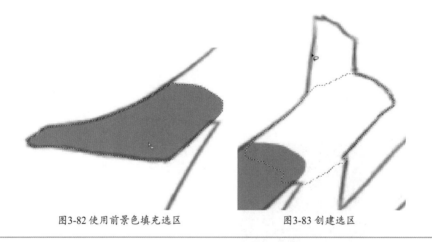

图3-82 使用前景色填充选区　　　　　　　图3-83 创建选区

小技巧:

创建选区后，按住【Shift】键，可以使用选区工具为已有选区添加选区；按住【Alt】键，可以使用选区工具减去已有选区。

步骤 03 按住【Shift】键，使用"套索工具"继续创建选区，如图3-84所示。按【Alt+Delete】组合键填充选区，效果如图3-85所示。

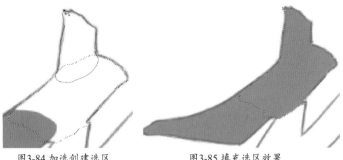

图3-84 加选创建选区　　　　　　　图3-85 填充选区效果

步骤 04 使用"套索工具"创建如图3-86所示的选区，按【Alt+Delete】组合键填充选区，效果如图3-87所示。

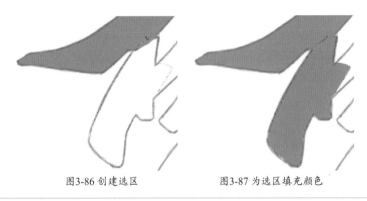

图3-86 创建选区　　　　　　　图3-87 为选区填充颜色

提示：

在创建文字填充的过程中，为了避免由于不可抗的原因导致数据丢失，用户要养成随时存储的习惯，即完成一部分操作，就保存文件一次。

步骤 05 继续使用相同的方法，完成"梦"字填充效果的制作，效果如图3-88所示。使用相同的方法，完成其他两个文字的填充，效果如图3-89所示。将"草稿2"图层隐藏，文字效果如图3-90所示。

图3-88 "梦"字填充效果　　　图3-89 其他文字的填充效果　　　图3-90 文字效果

步骤 06 执行"文件"→"打开"命令，将"素材包\素材\项目二\金属材质贴图.jpg"文件打开，如图3-91所示。执行"选择"→"全选"命令或按【Ctrl+A】组合键，执行"编辑"→"拷贝"命令或按【Ctrl+C】组合键，将选择内容复制到内存中。

步骤07 返回Logo文字文件，执行"编辑"→"粘贴"命令或按【Ctrl+V】组合键，将复制内容粘贴到画布中，效果如图3-92所示。

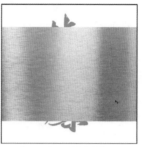

图3-91 打开素材文件　　　　　　　　图3-92 粘贴复制对象

提示：
　　用户也可以将素材文件从文件夹中直接拖曳到Photoshop的工作界面中，当光标变成 ⊞ 复制 时，释放鼠标，即可将图片素材添加到文件中。

步骤08 此时的"图层"面板如图3-93所示。将光标移动到"图层 1"图层上，单击鼠标右键，在弹出的快捷菜单中选择"转换为智能对象"命令，如图3-94所示，将素材图层转换为智能对象，并修改图层名称为"金属材质贴图"，如图3-95所示。

图3-93 "图层"面板　　图3-94 选择"转换为智能对象"命令　　图3-95 修改图层名称

步骤09 在"金属材质贴图"图层上单击鼠标右键，在弹出的快捷菜单中选择"创建剪贴蒙版"命令，如图3-96所示。"图层"面板如图3-97所示。

图3-96 选择"创建剪贴蒙版"命令　　图3-97 "图层"面板

　　按住【Alt】键的同时，将光标移动到两个图层相交的位置，当光标变成 ↓□ 后，单击即可完成创建剪贴蒙版的操作。

步骤 10 执行"编辑"→"自由变换"命令或者按【Ctrl+T】组合键，如图3-98所示。拖曳调整金属图像大小，使其覆盖整个Logo文字后，按【Enter】键确认变换，效果如图3-99所示。

图3-98 自由变换对象　　　　　　　　图3-99 自由变换效果

步骤 11 使用"移动工具"拖曳调整金属图片的位置，以获得更好的高光和阴影效果，如图3-100所示。单击"图层"面板底部的"添加图层样式"按钮，在打开的下拉列表框中选择"描边"选项，如图3-101所示。

图3-100 调整高光和阴影效果　图3-101 选择"描边"选项

步骤 12 弹出"图层样式"对话框，设置描边各项参数，如图3-102所示。单击"确定"按钮，效果如图3-103所示。

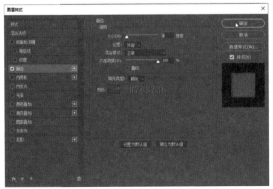

图3-102 设置"描边"样式的各项参数　　　图3-103 描边效果

步骤13 选中"梦间集"图层，执行"图层"→"新建"→"通过拷贝的图层"命令或者按【Ctrl+J】组合键，得到"梦间集"图层的拷贝图层，"图层"面板如图3-104所示。

步骤14 在"梦间集"图层上单击鼠标右键，在弹出的快捷菜单中选择"栅格化图层样式"命令，如图3-105所示。"图层"面板如图3-106所示。

图3-104 拷贝图层　　图3-105 栅格化图层样式　　图3-106 "图层"面板

步骤15 确定已选中"梦间集"图层，按【Ctrl+A】组合键，全选画布。单击工具箱中的"移动工具"按钮，按住【Alt】键的同时按键盘的【→】键，再按【↓】键，循环5~6次，得到字体的立体效果，如图3-107所示。

步骤16 执行"选区"→"取消选择"命令或按【Ctrl+D】组合键，取消选区。单击工具箱中的"吸管工具"按钮，吸取描边的颜色，如图3-108所示。按【Shift+Alt+Backspace】组合键填充图层，效果如图3-109所示。

图3-107 移动复制制作立体效果　　　　图3-108 吸取描边颜色　　　　图3-109 填充图层效果

步骤17 选中"梦间集"图层，单击"图层"面板顶部的"锁定透明像素"按钮■，将图层透明区域锁定，如图3-110所示。单击工具箱中的"画笔工具"按钮，选择"柔边圆压力不透明度"笔刷，将笔刷大小设置为25像素，画笔"不透明度"设置为45%，如图3-111所示。

图3-110 锁定图层透明像素　　　　　　　　　　　图3-111 设置画笔各项参数

小技巧：

　　使用较浅的颜色绘制笔画突出的部分，使用较深的颜色绘制笔画凹陷的部分或者照不到光线的角落部分。

步骤18 设置前景色为#550000，使用"画笔工具"在阴影部分或角落部分进行绘制，绘制效果如图3-112所示。

图3-112 绘制阴影部分

步骤19 继续使用相同的方法，完成其他两个文字阴影部分的绘制，完成效果如图3-113所示。

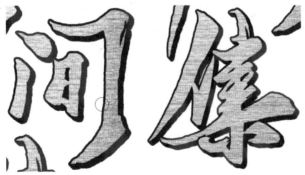

图3-113 绘制其他两个文字的阴影效果

步骤20 设置前景色为#1e0000，使用"画笔工具"继续加深文字的阴影部分，增加角落的层级感，如图3-114所示。

图3-114 加深文字的阴影

步骤21 绘制两层阴影后的文字效果如图3-115所示。新建一个名为"高光"的图层，并将其与"梦间集"图层创建剪贴蒙版，如图3-116所示。

图3-115 文字阴影效果　　图3-116 新建图层并创建剪贴蒙版

步骤22 设置前景色为#b76803，使用"画笔工具"在"高光"图层中绘制文字的高光，如图3-117所示。

图3-117 绘制文字高光

提示：

为了便于高光的修改，可以先新建"高光"图层并制作剪贴蒙版，然后在新建图层中单独绘制高光色。

步骤23 按【Ctrl+"+"】组合键，放大画面，继续使用"画笔工具"和"橡皮擦工具"仔细修饰高光细节，如图3-118所示。最终的文字高光效果如图3-119所示。

步骤24 设置前景色为#f4c402，使用"画笔工具"在文字拐角位置再添加一层更亮的高光，提亮文字侧面，增加文字的立体感，完成效果如图3-120所示。

图3-118 修饰高光细节　　　　　　　图3-119 文字高光效果　　　　　　图3-120 绘制更亮的高光

3.1.5 【任务考核与评价】

本任务使用Photoshop完成游戏《梦间集》的Logo文字标题，通过制作毛笔字标题和金属质感文字，帮助读者理解设计制作游戏Logo文字标题的方法和技巧。完成本任务的学习后，需要对读者的学习效果进行评价。

● 评价点
· 文字标题轮廓是否清晰。
· 文字标题大小排列是否合理。
· 文字标题纹理图案是否协调。
· 文字侧面的高光与阴影是否表现得顺滑。
· 文字标题是否有立体感。

● 评价表
评价表如表3-2所示。

表 3-2 评价表

任务名称	设计制作游戏 Logo 文字标题	组别		教师评价	（签名）	专家评价	（签名）
类别	评分标准						得分
知识	完全理解游戏登录界面的定义和出现场合，游戏登录界面中常见的组成元素，以及不同元素在游戏登录界面中的作用和设计要点，并能灵活运用			15~20			
	基本理解游戏登录界面的定义和出现场合，游戏登录界面中常见的组成元素，以及不同元素在游戏登录界面中的作用和设计要点			10~14			

表 3-2 评价表（续）

类别	评 分 标 准		得分
	未能完全理解游戏登录界面的定义和出现场合，游戏登录界面中常见的组成元素，以及不同元素在游戏登录界面中的作用和设计要点	0~9	
技能	高度完成设计制作游戏 Logo，完整度高，设计制作精美，具有商业价值	40~50	
	基本完成设计制作游戏 Logo，完整度尚可，设计制作美观，符合大众审美	20~39	
	未能完成完整的游戏 Logo 设计制作，设计制作不合理，作品仍需完善，需要加强练习	0~19	
素养	能够独立阅读，并准确画出学习重点，在团队合作过程中能主动发表自己的观点，能够虚心向他人学习并听取他人的意见及建议，工作结束后主动将工位整理干净	20~30	
	学习态度端正，在团队合作中能够配合其他成员共同完成学习任务，工作结束后能够将工位整理干净	10~19	
	不能够主动学习，学习态度不端正，不能完成既定任务	0~9	
总分		100	

3.1.6 【任务拓展】

完成本任务所学内容后，读者尝试设计如图3-121所示的游戏Logo标题文字。制作过程中要充分理解如何通过二次编辑既能获得满意的字体效果，还能规避版权问题。

图3-121 游戏Logo标题文字

3.2 设计制作游戏Logo鎏金质感和背景

3.2.1 【任务描述】

本任务将制作游戏Logo标题文字的鎏金质感和云纹背景，按照实际工作流程分为制作游戏文字鎏金效果、绘制游戏Logo背景花纹草稿和为游戏Logo背景花纹填色3个步骤，从而完成《梦间集》游戏Logo的制作，最终效果如图3-122所示。

图3-122 《梦间集》游戏Logo

源 文 件	源文件\项目三\任务 2\《梦间集》游戏 Logo.psd
素 材	素材\项目三\任务 2
主要技术	画笔工具、选择笔刷、图层样式、钢笔工具、剪贴蒙版

扫一扫观看演示视频

3.2.2 【任务目标】

知识目标	1. 熟知登录界面在游戏界面中的作用 2. 熟知游戏登录界面的组成元素 3. 熟记游戏登录界面的制作流程
技能目标	1. 能够获取游戏 Logo 字体 2. 能够设计制作毛笔字效果 3. 能够绘制标题文字草稿
素养目标	1. 通过实际案例的练习，培养学生的职业素养和创新精神 2. 弘扬中国传统的云纹和水波纹文化，增强民族自信和文化自信

3.2.3 【知识导入】

对于整个游戏来说，登录界面有展示游戏名称、展示游戏形象和提供进入游戏途径的作用。

1. 展示游戏名称

设计师通过为游戏设计一个华丽美观的游戏Logo，并将Logo放置在界面最醒目、最重要的位置，让玩家可以直观地了解游戏的名称，如图3-123所示。

图3-123 游戏界面中的游戏名称

2. 展示游戏形象

无论是使用漂亮、酷炫的动画背景，还是静态、华丽的原画背景，设计师都会把游戏最有特色、最具代表性的内容展示在登录界面中，从而达到炫技和吸引玩家注意的目的。

3. 提供进入游戏的途径

登录界面中会提供一些功能按钮，如登录按钮、选择服务器选项或进入游戏按钮，帮助玩家顺利进入游戏。

3.2.4 【任务实施】

为了便于读者学习，按照通用弹窗操作按钮设计制作流程，由简入繁，将任务划分为制作文字鎏金效果、绘制游戏Logo背景花纹草稿和为游戏Logo背景花纹填色3个步骤实施。图3-124所示为步骤内容和主要技能点。

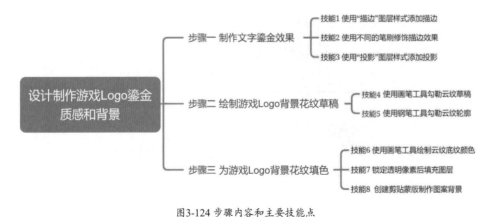

图3-124 步骤内容和主要技能点

步骤 01 选择"图层"面板中的"梦间集 拷贝"图层，按【Ctrl+J】组合键复制得到"梦间集 拷贝2"图层，如图3-125所示。拖曳调整"梦间集 拷贝"图层到如图3-126所示的位置，并修改图层填充"不透明度"为0%。

图3-125 拷贝新图层　　　图3-126 调整图层位置

步骤 02 为"梦间集 拷贝"图层添加"描边"图层样式，各项参数设置如图3-127所示。单击"确定"按钮，描边效果如图3-128所示。

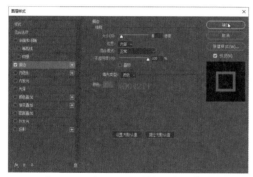

图3-127 设置"描边"样式的各项参数　　　　图3-128 描边效果

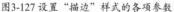

提示：

　　描边颜色设置得比较鲜艳，以便于后期对描边效果进行修改。用户也可以将描边颜色设置为桃红色、艳绿色等颜色。

步骤 03 在"梦间集 拷贝"图层上单击鼠标右键，在弹出的快捷菜单中选择"栅格化图层样式"命令，如图3-129所示。"图层"面板如图3-130所示。

图3-129 选择"栅格化图层样式"命令　　图3-130 "图层"面板

步骤 04 使用"橡皮擦工具"将描边的一些杂色擦除，如图3-131所示。单击鼠标右键，在打开的面板中选择"大涂抹炭笔"笔刷，如图3-132所示。

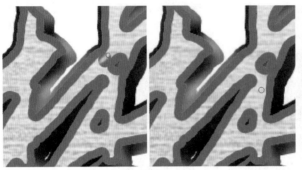
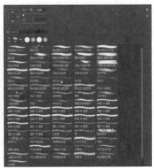

图3-131 擦除杂色　　　　　　　　　　　　　　图3-132 选择笔刷

步骤 05 使用"橡皮擦工具"在描边上擦拭，制作不均匀的描边效果，如图3-133所示。继续使用"橡皮擦工具"对描边进行修饰，效果如图3-134所示。

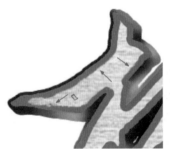

图3-133 擦拭描边　　　　　图3-134 擦拭描边效果

提示：

　　用户可以使用"画笔工具"，选择"大涂抹炭笔"笔刷，设置前景色为#0042ff，丰富描边效果后，再使用"橡皮擦工具"修饰描边。

步骤 06 配合"画笔工具"，使用"橡皮擦工具"修饰描边效果，如图3-135所示。"梦"字的描边修饰效果如图3-136所示。

图3-135 修饰描边效果　　　　　图3-136 "梦"字描边效果

步骤 07 使用相同的方法，完成其他两个文字描边的修饰，效果如图3-137所示。设置前景色为#fffed8，如图3-138所示。按【Shift+Alt+Backspace】组合键填充图层，描边填充效果如图3-139所示。

图3-137 文字描边修饰效果　　　　　　　图3-138 设置前景色　　　　　　　　图3-139 填充描边效果

步骤08 在"梦间集 拷贝"图层名称处双击，修改图层名称为"描边"，如图3-140所示。新建一个名为"划痕"的图层，如图3-141所示。

图3-140 修改图层名称　　图3-141 新建"划痕"图层

步骤09 使用"画笔工具"在"间"字上绘制划痕，如图3-142所示。继续使用相同的方法，使用"画笔工具"为其他文字添加如图3-143所示的划痕效果。

图3-142 为"间"字添加划痕　图3-143 为其他文字添加划痕

步骤10 按【E】键，使用"橡皮擦工具"修饰划痕效果，如图3-144所示。

图3-144 修饰文字划痕效果

步骤11 设置前景色为#fffed8，按【Shift+Alt+Backspace】组合键填充图层，描边填充效果如图3-145所示。按住【Ctrl】键的同时单击"梦间集 拷贝2"图层的缩览图，创建选区，如图3-146所示。

图3-145 填充描边效果　　　图3-146 创建选区

步骤12 选择"划痕"图层，单击"图层"面板底部的"添加图层蒙版"按钮，为图层添加图层蒙版，效果如图3-147所示。"图层"面板如图3-148所示。

图3-147 "划痕"图层蒙版效果　　　　图3-148 "图层"面板

提示：
　　为"划痕"图层添加图层蒙版，可以将文字轮廓外的划痕隐藏，以实现更好的划痕效果。

步骤13 新建一个名为"梦间集文字"的图层组，将"图层"面板中与Logo文字有关的图层移动到该图层组中，如图3-149所示。双击该图层组，在弹出的"图层样式"对话框中选择"投影"复选框，设置各项参数，如图3-150所示。

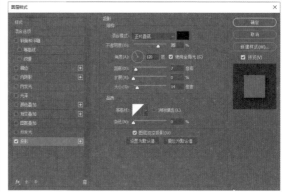

图3-149 创建图层组　　　　　　　　图3-150 设置"投影"样式的各项参数

步骤14 单击"确定"按钮，文字投影效果如图3-151所示。游戏Logo文字的最终效果如图3-152所示。

图3-151 文字投影效果　　　　　　　　图3-152 游戏Logo文字最终效果

步骤二 绘制游戏Logo背景花纹草稿

步骤01 新建一个名为"云纹草稿"的图层，如图3-153所示。按【B】键，在画布中单击鼠标右键，选择"硬边圆压力大小"笔刷，设置笔刷大小为2像素，如图3-154所示。

图3-153 新建图层　　　　　　　　图3-154 设置画笔笔刷

步骤02 设置前景色为黑色，使用"画笔工具"在画布中绘制一个圆形轮廓，如图3-155所示。继续使用"画笔工具"在文字的左侧或者下方比较空的位置绘制云纹草稿，如图3-156所示。

图3-155 绘制圆形轮廓　　　　　　　　　　图3-156 绘制云纹草稿

提示：

　　在绘制云纹草稿时，不用绘制得过于精细。可以采用画圈的方式表现云纹，绘制的云纹效果应为一团一团的，给人以飘逸的感觉。

步骤 03 继续使用"画笔工具"绘制云纹草稿，完成后的效果如图3-157所示。在"集"字右下角位置绘制印章图案，并手写"手游"两个字，如图3-158所示。

图3-157 继续绘制云纹草稿　　　　　　　　图3-158 绘制印章图案

提示：

　　由于画面的右下角位置比较空，通常会在右下角绘制一个图案，以保证视觉上的平衡。常见的有"手游"和"Online"，或者是该游戏的英文名。

步骤 04 新建一个名称为"云纹线稿"的图层，如图3-159所示。设置前景色为#ff1900，笔刷大小为3像素，使用"画笔工具"沿草稿勾勒云纹线稿，如图3-160所示。

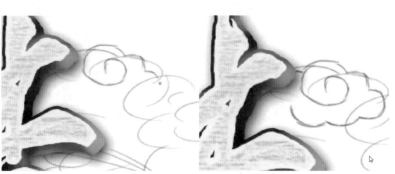

图3-159 新建图层　　　　　　　　　图3-160 使用"画笔工具"勾勒云纹线稿

步骤05 继续使用"画笔工具"勾勒云纹线稿，效果如图3-161所示。

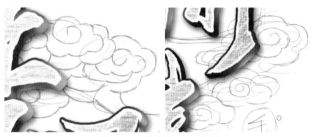

图3-161 继续勾勒云纹线稿

步骤06 使用"画笔工具"勾勒印章线稿，效果如图3-162所示。将"云纹草稿"图层隐藏，完成的云纹线稿效果如图3-163所示。

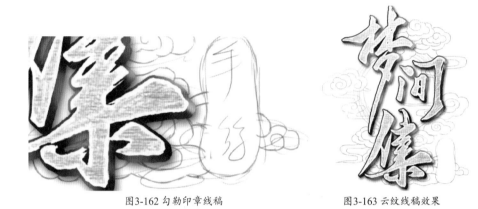

图3-162 勾勒印章线稿   图3-163 云纹线稿效果

提示：

线稿绘制完成后，要仔细观察确定线稿中云纹的分布、走向、位置和大小与文字是否搭配协调。确认后继续修改，将潦草的线条修改为清晰的线条，以方便后期进行勾线与上色。

步骤07 继续使用"画笔工具"和"橡皮擦工具"修改云纹的线稿，使线条更加平滑、流畅、清晰，如图3-164所示。修改完成后的线稿效果如图3-165所示。

图3-164 修改云纹线稿   图3-165 修改后的线稿效果

步骤08 新建一个名为"云纹"的图层，如图3-166所示。单击工具箱中的"钢笔工具"按钮，在选项栏中选择"路径"模式，使用"钢笔工具"沿着云纹外轮廓绘制路径，如图3-167所示。

图3-166 新建图层　　　　　　　　　　　图3-167 绘制云纹外轮廓

步骤 09 继续使用相同的方法，沿云纹线稿将云纹路径勾勒出来，完成后的效果如图3-168所示。继续使用相同的方法，将云纹镂空的部分勾勒出来，效果如图3-169所示。

图3-168 勾勒云纹外轮廓　　　　　　　图3-169 勾勒云纹镂空部分

步骤 10 单击工具箱中的"路径选择工具"按钮，拖曳选中所有路径，单击选项栏中的"路径操作"按钮，在打开的下拉列表框中选择"排除重叠形状"选项，如图3-170所示。按【Ctrl+Enter】组合键，将路径转换为选区，如图3-171所示。

图3-170 选择"排除重叠形状"选项　　　图3-171 将路径转换为选区

步骤 01 将前景色设置为白色，按【Alt+Delete】组合键，用前景色填充选区。使用深灰色填充"背景"图层，效果如图3-172所示。

步骤 02 设置前景色为#e6f3fb，选择"云纹"图层，单击"锁定透明像素"按钮，将图层透明区域锁定。使用"画笔工具"在"梦"字和"间"字之间的位置涂抹绘制，效果如图3-173所示。

图3-172 填充选区和背景效果

图3-173 绘制云纹颜色

步骤 03 设置前景色为#c1ddf2，继续使用"画笔工具"向下绘制，加深云纹颜色，效果如图3-174所示。设置前景色为#acc3ed，使用"画笔工具"继续向下绘制，效果如图3-175所示。

图3-174 向下加深云纹颜色

图3-175 向下加深云纹颜色

步骤 04 设置前景色为#a5bde3，继续使用"画笔工具"向下绘制，效果如图3-176所示。设置前景色为#8699d1，继续使用"画笔工具"向下绘制，效果如图3-177所示.

图3-176 继续加深云纹颜色

图3-177 向下加深云纹颜色

步骤 05 设置前景色为#6875bb，继续使用"画笔工具"向下绘制，效果如图3-178所示。设置前景色为#6774ba，使用"画笔工具"绘制底层云纹颜色，效果如图3-179所示。

图3-178 向下加深云纹颜色

图3-179 绘制底层云纹颜色

步骤06 选中"云纹线稿"图层，设置前景色为#fffe0，按【Shift+Alt+Backspace】组合键填充云纹线稿，效果如图3-180所示。将图层透明区域锁定，分别设置前景色为#effbf7、#c5dadb、#98b0c8、#8ba3bf、#415280，由上向下逐步绘制，晕染云纹线稿的颜色，效果如图3-181所示。

图3-180 填充云纹线稿效果

图3-181 由上向下晕染云纹线稿效果

提示：

线稿的颜色要配合云纹的颜色逐步变深。云纹的颜色由上到下是浅蓝色到蓝色的渐变，线稿的颜色比云纹的颜色稍微亮一点即可。

步骤07 为"云纹线稿"图层添加"投影"图层样式，设置"图层样式"对话框中的各项参数，如图3-182所示。单击"确定"按钮，云纹线稿投影效果如图3-183所示。

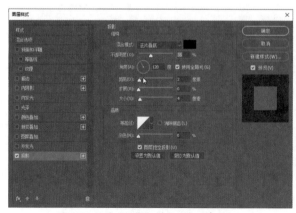
图3-182 设置"投影"样式的各项参数

图3-183 云纹线稿投影效果

步骤 08 在"云纹"图层上新建一个名为"阴影"的图层，如图3-184所示。在"阴影"图层上单击鼠标右键，在弹出的快捷菜单中选择"创建剪贴蒙版"命令，与"云纹"图层创建剪贴蒙版，如图3-185所示。修改"阴影"图层的混合模式为"正片叠底"，如图3-186所示。

图3-184 新建图层　　　　　　图3-185 创建剪贴蒙版　　　　　图3-186 修改图层混合模式

步骤 09 设置前景色为#abc2ea，选择"方向炭笔"笔刷，使用"画笔工具"沿Logo文字及线稿凸出部分绘制阴影效果，如图3-187所示。继续使用相同的方法，完成其他部分阴影的绘制，效果如图3-188所示。

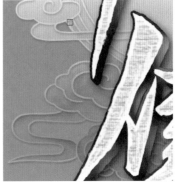

图3-187 绘制阴影效果　　　　　　　　　　图3-188 绘制其他部分阴影效果

步骤 10 绘制完成的阴影效果如图3-189所示。在"云纹线稿"图层上新建一个名为"云纹线稿高光"的图层，如图3-190所示。

图3-189 绘制完成的阴影效果　　　　　图3-190 新建图层

步骤 11 吸取顶部最亮的云纹线颜色，如图3-191所示。选择1像素的笔刷，使用"画笔工具"在底部云纹线比较暗的位置绘制，如图3-192所示。

图3-191 吸取颜色

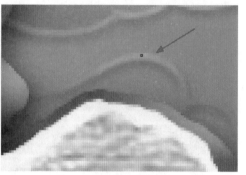

图3-192 绘制云纹线高光

提示：

只在云纹顶部凸起的地方绘制高光，绘制的宽度不宜太宽，1个像素即可。

步骤 12 云纹线高光绘制效果如图3-193所示。新建一个名为"副标题底色"的图层，如图3-194所示。

图3-193 云纹线高光效果

图3-194 新建图层

步骤 13 使用"钢笔工具"沿草稿外轮廓绘制形状图形，并设置填充颜色为#a21e12，效果如图3-195所示。执行"文件"→"打开"命令，将"素材包\素材\项目二\底纹素材.jpg"文件打开，效果如图3-196所示。

步骤 14 将素材文件拖曳到Logo文件中，并与"副标题底色"图层创建剪贴蒙版，效果如图3-197所示。

图3-195 绘制形状图形

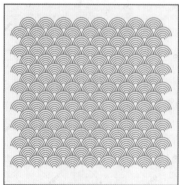

图3-196 打开素材文件

图3-197 创建剪贴蒙版

步骤15 修改素材文件的图层名称为"云纹素材"，如图3-198所示。修改图层混合模式为"正片叠底"，效果如图3-199所示。

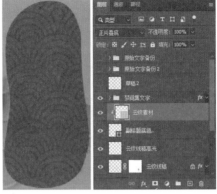

图3-198 修改图层名称　　　　图3-199 修改图层混合模式

步骤16 新建一个名为"阴影"的图层，并与"副标题底色"图层创建剪贴蒙版，如图3-200所示。设置前景色为#6a1b14，使用"画笔工具"在右下角位置绘制阴影，效果如图3-201所示。

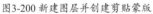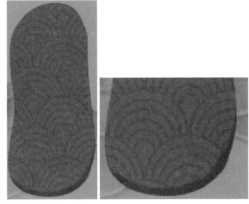

图3-200 新建图层并创建剪贴蒙版　　　　图3-201 绘制阴影效果

步骤17 执行"文件"→"打开"命令，将"素材包\素材\项目二\手游文字.png"文件打开，效果如图3-202所示。将手游文字素材文件拖曳到Logo文件中，并调整到如图3-203所示的位置。

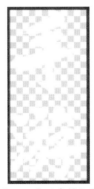

图3-202 打开素材文件　　图3-203 调整图片素材位置

步骤18 使用"画笔工具"对Logo进行修整，完成后的效果如图3-204所示。执行"文件"→"另存为"命令或者按【Ctrl+S】组合键，将文件保存为"梦间集Logo.psd"文件。

步骤19 隐藏"背景"图层，显示透明背景。将文件保存为"梦间集Logo.png"透底文件，方便后期UI设计时合成使用，如图3-205所示。

图3-204 调整Logo

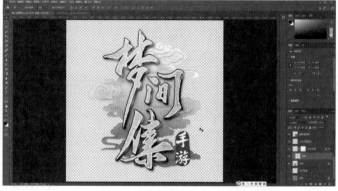

图3-205 存储为透底文件

3.2.5 【任务考核与评价】

本任务使用Photoshop完成"梦间集"游戏Logo文字鎏金质感和云纹背景的设计制作。为了帮助读者理解设计制作游戏Logo鎏金质感和背景的方法和技巧，完成本任务的学习后，需要对读者的学习效果进行评价。

● 评价点

· 文字标题投影的方向是否正确。

· 背景的轮廓和立体感是否能表现出来。

· 文字鎏金质感的光泽是否正确。

· 云纹结构分布是否合理。

· 云纹背景颜色和层次是否丰富。

· 背景与标题文字衔接是否自然。

● 评价表

评价表如表3-3所示。

表 3-3 评价表

任务名称	设计制作游戏 Logo 鎏金质感和背景	组别	教师评价	（签名）	专家评价	（签名）
类别	评分标准					得分
知识	完全掌握游戏登录界面的作用，游戏 Logo 的基本组成部分，以及游戏 Logo 文件的输出格式和应用场景，并能灵活运用		15~20			
	基本掌握游戏登录界面的作用，游戏 Logo 的基本组成部分，以及游戏 Logo 文件的输出格式和应用场景		10~14			
	未能完全掌握游戏登录界面的作用，游戏 Logo 的基本组成部分，以及游戏 Logo 文件的输出格式和应用场景		0~9			

表 3-3 评价表（续）

类别	评分标准		得分
技能	高度完成设计制作游戏 Logo 鎏金质感和背景，完整度高，设计制作精美，具有商业价值	40~50	
	基本完成设计制作游戏 Logo 鎏金质感和背景，完整度尚可，设计制作美观，符合大众审美	20~39	
	未能完成完整的设计制作游戏 Logo 鎏金质感和背景，设计制作不合理，作品仍需完善，需要加强练习	0~19	
素养	能够独立阅读，并准确画出学习重点，在团队合作过程中能主动发表自己的观点，能够虚心向他人学习并听取他人的意见及建议，工作结束后主动将工位整理干净	20~30	
	学习态度端正，在团队合作中能够配合其他成员共同完成学习任务，工作结束后能够将工位整理干净	10~19	
	不能够主动学习，学习态度不端正，不能完成既定任务	0~9	
总分		100	

3.2.6 【任务拓展】

完成本任务所有内容后，读者尝试设计如图3-206所示的游戏Logo。制作过程中要处理好文字标题和背景的关系，以及金属质感的光影效果，同时做好文件图层的管理工作，以便设计完成后的资源整合输出。

图3-206 游戏Logo

3.3 设计制作游戏登录界面功能图标

3.3.1 【任务描述】

本任务将完成《梦间集》游戏登录界面开始游戏按钮、选择服务器按钮和辅助功能按钮的制作，按照实际工作流程分为设计制作"开始游戏"按钮、绘制"选择服务器框"按钮和绘制游戏Logo背景花纹颜色3个步骤。《梦间集》游戏登录界面的完成效果如图3-207所示。

图3-207 《梦间集》游戏登录界面的完成效果

源文件	源文件＼项目三＼任务3＼《梦间集》游戏登录界面.psd	
素材	素材＼项目三＼任务3	
主要技术	钢笔工具、路径操作、形状工具、置入图片、路径选择工具、横排文字工具、图层组、拷贝/粘贴图层	扫一扫观看演示视频

3.3.2 【任务目标】

知识目标	1. 熟知游戏登录界面的元素 2. 熟记游戏背景设计要点 3. 熟记游戏Logo设计要点
技能目标	1. 能够完成游戏界面元素的组合 2. 能够完成输入界面文字的设计和制作 3. 能够完成游戏登录界面的输出
素养目标	1. 通过实际案例的练习，培养学生的职业素养和创新精神 2. 弘扬中国传统的云纹和水波纹文化，增强民族自信和文化自信

3.3.3 【知识导入】

设计游戏登录界面需要注意背景、游戏Logo和功能按钮等元素的设计。

1. 背景

在设计游戏登录界面时，登录界面的背景一定要设计得足够华丽。常见的登录界面背景有动画和静态原画两种形式。无论采用哪种形式的背景，都要制作得美观、华丽、炫酷，并且要与游戏风格保持高度一致，最大限度地吸引玩家的注意，引起玩家的共鸣。

提示：

　使用动画作为游戏登录界面背景时，动画要尽可能制作得炫酷、华丽，以展示游戏种族、游戏剧情为主。

2. 游戏Logo

游戏Logo一定要醒目、美观。游戏Logo不一定摆放在画面顶部的中心位置，但一定会被放置在画面比较醒目的视觉中心位置。游戏Logo的设计风格要与游戏的整体风格保持一致，以加深玩家对游戏的印象。

图3-208所示为游戏《笑傲江湖》的登录界面。该登录界面中的游戏Logo并没有放置在界面顶部中心位置，而是放置在原画右侧的视觉中心点位置。通过使用美观的文字设计出游戏Logo，并与选择服务器选项放置在一起，在凸显游戏名称的同时又能引导玩家操作。

图3-208 《笑傲江湖》游戏得登录界面

3. 功能按钮

游戏登录界面中的功能按钮要醒目，但其醒目程度不能超过游戏Logo。摆放的位置通常为界面靠下的中心位置。常见的有"开始游戏"按钮、"微信"登录按钮和"QQ"登录按钮。"开始游戏"按钮通常设计得较大、较醒目，以方便玩家点击。

了解了游戏登录界面的设计要点后，下面通过分析几个成功的游戏登录界面设计，帮助读者进一步理解游戏登录界面设计的要点。

图3-209所示为游戏《烈火如歌》的登录界面。界面的中心位置和视觉中心在月亮的位置，因此，设计师把游戏Logo放置在月亮的下方，能够快速引起玩家的注意。版权信息和健康游戏提示被分成了两部分，分别放置在界面顶部正中心和界面底部正中心。

图3-209 《烈火如歌》游戏的登录界面

图3-210所示为游戏《神雕侠侣2》的登录界面。游戏Logo放置在界面的中心位置，让玩家可以一眼看到。选择服务器按钮放置在Logo下面，便于玩家快速找到并操作。"开始"按钮（即"开始游戏"按钮）被设计成了占较大空间的菱形，因此被放置在界面右侧画面相对比较空的位置，方便吸引玩家注意并点击，醒目且合理。不太重要的辅助按钮被放置在界面的右侧，既不抢Logo的风头，又能起到帮助玩家了解游戏的作用。

图3-210 《神雕侠侣2》游戏的登录界面

图3-211所示为游戏《诛仙》的登录界面。游戏Logo被放置在画面的视觉中心点位置，下方依次放置选择服务器和进入游戏按钮。版权信息被放置在界面顶部正中心位置。玩家可以被视觉中心的Logo吸引，被选择服务器和进入游戏按钮吸引，顺利进入游戏。

图3-211 《诛仙》游戏的登录界面

3.3.4 【任务实施】

为了便于读者学习，按照实际游戏登录界面设计流程，由简入繁，将任务划分为设计制作"开始游戏"按钮、绘制"选择服务器框"按钮和绘制游戏Logo背景花纹颜色3个步骤实施，图3-212所示为步骤内容和主要技能点。

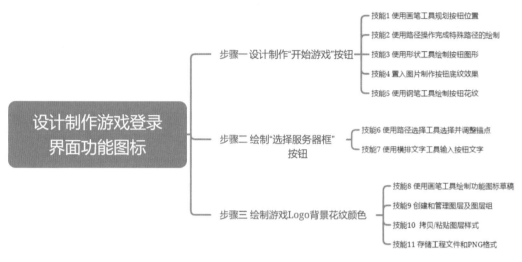

图3-212 步骤内容和主要技能点

步骤一 设计制作"开始游戏"按钮

步骤01 执行"文件"→"打开"命令，将"素材包\素材\项目二\背景图.jpg"文件打开，效果如图3-213所示。将"梦间集Logo.png"文件从文件夹拖曳到背景图文件中，并调整到如图3-214所示的位置。

图3-213 打开素材文件

图3-214 置入Logo文件并调整位置

步骤02 将光标移动到右上角的控制点上，当光标变成 ↗ 时，按住鼠标左键拖曳调整图片大小并调整到背景图中间靠上的位置，单击选项栏中的"提交变换"按钮 ✓，如图3-215所示。新建一个名为"草稿"的图层，如图3-216所示。

图3-215 调整图片大小和位置   图3-216 新建图层

步骤03 设置前景色为黑色，使用"画笔工具"在画布中间靠下的位置绘制线条，用来规划"选择服务器框"按钮的位置，如图3-217所示。

步骤04 继续使用"画笔工具"绘制线条，用来规划"开始游戏"按钮的位置，如图3-218所示。

图3-217 规划"选择服务器框"按钮的位置

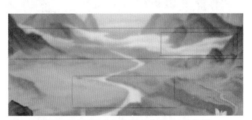

图3-218 规划"开始游戏"按钮的位置

小技巧：

  使用"画笔工具"绘制线条时，可以配合【Shift】键进行绘制。按住【Shift】键的同时绘制，可以绘制水平、垂直或45°的直线。

步骤05 在画布右侧位置，使用"画笔工具"绘制线条，规划两个辅助图标的位置，如图3-219所示。在"背景"图层上新建一个名为"白色图层"的图层，并使用白色填充图层，如图3-220所示。

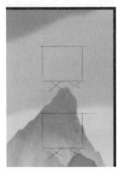

图3-219 规划功能图标位置   图3-220 新建图层并填充白色

步骤 06 将"开始游戏.psd"文件打开，将"开始游戏"图层组复制到界面中并调整位置以对齐草稿，隐藏"白色图层"图层，界面效果如图3-221所示。为"开始游戏"图层组添加"投影"图层样式，设置"图层样式"对话框中的各项参数，如图3-222所示。

图3-221 界面效果　　　　　　　　　　图3-222 设置"投影"样式的各项参数

提示：

　　"开始游戏"按钮的具体制作方法已在本书"项目一"的"任务一"中详细讲解，读者可自行查看相关章节内容。

步骤 07 单击"确定"按钮，按钮投影效果如图3-223所示。"图层"面板如图3-224所示。

图3-223 按钮"投影"效果　　　　　　　图3-224 "图层"面板

步骤二 绘制"选择服务器框"按钮

步骤 01 显示"草稿"图层和"白色图层"图层，使用"画笔工具"和"橡皮擦工具"细化服务器框草稿，效果如图3-225所示。

图3-225 细化服务器框草稿

步骤 02 使用"圆角矩形工具"沿草稿在画布中绘制一个圆角矩形，在"属性"面板中设置圆角半径为3像素，效果如图3-226所示。为了便于观察，将"圆角矩形 1"图层的"不透明度"设置为30%，"图层"面板如图3-227所示。

图3-226 绘制圆角矩形　　　　　　　　　　　　　　　　　　图3-227 修改图层不透明度

步骤03 使用"路径选择工具"选中圆角矩形，按【Ctrl+C】组合键复制圆角矩形，再按【Shift+C-trl+V】组合键原位粘贴圆角矩形，调整其大小和位置，效果如图3-228所示。

步骤04 选中两个圆角矩形，将其"描边"设置为"无"，将图层"不透明度"设置为100%，图形效果如图3-229所示。

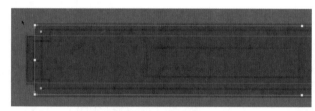

图3-228 粘贴复制圆角矩形并调整大小和位置　　　　　　　　　　图3-229 图形效果

步骤05 为"圆角矩形 1"图层添加"渐变叠加"图层样式，设置"图层样式"对话框中的各项参数，如图3-230所示。选择左侧的"描边"复选框，设置"描边"各项参数，如图3-231所示。

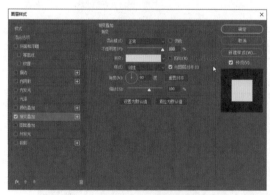

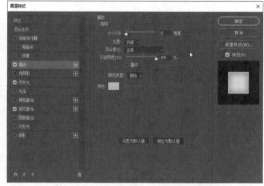

图3-230 设置"渐变叠加"样式的各项参数　　　　　　　　　图3-231 设置"描边"样式的各项参数

步骤06 选择左侧的"内发光"复选框，设置"内发光"各项参数，如图3-232所示。单击"图层样式"对话框左侧"描边"复选框右侧的■按钮，添加一个"描边"样式，设置"描边"各项参数，如图3-233所示。

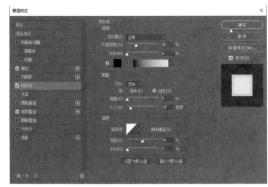

图3-232 设置"内发光"样式的各项参数

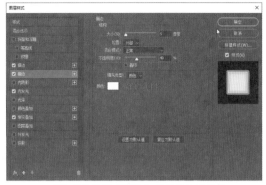

图3-233 设置"描边"样式的各项参数

步骤07 单击"确定"按钮,图形效果如图3-234所示。新建一个名为"边框"的图层,如图3-235所示。

图3-234 添加图层样式后的图形效果

图3-235 新建图层

步骤08 将前景色设置为#b8c2cc,使用"画笔工具"沿草稿绘制边框图案,效果如图3-236所示。将"开始按钮"图层组拖曳到"创建新图层"按钮上,复制得到一个"开始按钮 拷贝"图层组,拖曳调整其位置到所有图层上方,"图层"面板如图3-237所示。

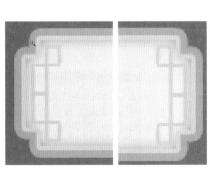

图3-236 绘制边框图案

图3-237 复制图层组并调整位置

提示:

绘制边框图案时,可以先绘制局部的图案,然后再通过复制并水平或垂直翻转图案,以获得复制的边框图案效果。

步骤 09 按【Ctrl+T】组合键，调整复制图层组对象大小并移动到如图3-238所示的位置。双击"开始按钮 拷贝"图层组中"开始按钮"图层缩览图，修改文本内容并在"字符"面板中设置文本各项参数，如图3-239所示。

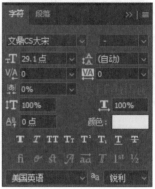

图3-238 调整图层组大小和位置　　　　　　　　　　图3-239 设置文本参数

步骤 10 修改"开始按钮"图层的"描边"样式颜色为#ef4d5a，大小为1像素，如图3-240所示。单击"确定"按钮，按钮文本效果如图3-241所示。

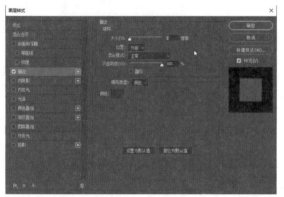

图3-240 修改"描边"样式的参数　　　　　　　　　图3-241 修改后的按钮文本效果

步骤 11 修改"开始按钮 拷贝"图层名称为"选择服务器框"，选择"花纹"图层，修改填充颜色为#1269d5，效果如图3-242所示。修改"按钮内边框"图层的"描边"样式颜色为#3e7bd7，效果如图3-243所示。

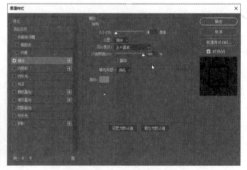

图3-242 修改花纹填充颜色　　　　　　　　　　　图3-243 修改描边颜色

步骤12 设置前景色为#1f4d5e，选择"底部高光"图层，按【Shift+Alt+Backspace】组合键，使用前景色填充图层，效果如图3-244所示。选择"按钮外边框 拷贝"图层，修改"渐变叠加"颜色为从#2e89ed到#9ad3f0的渐变，效果如图3-245所示。

图3-244 修改底部高光颜色

图3-245 修改按钮外边框颜色

步骤13 选择"按钮侧面"图层，设置填充颜色为#3e7cbc，效果如图3-246所示。选择"底部高光2"图层，修改图层"不透明度"为53%，效果如图3-247所示。

图3-246 修改按钮侧面颜色

图3-247 降低底部高光不透明度

步骤14 使用"直接选择工具"拖曳选中"按钮外边框 拷贝"图层左侧锚点并向左移动，效果如图3-248所示。继续选择"按钮侧面"图层，使用"直接选择工具"选中并拖曳左侧锚点，效果如图3-249所示。

图3-248 调整外边框宽度

图3-249 调整按钮侧面宽度

步骤15 继续使用相同的方法，调整其他图层适配按钮文字，并移动文本位置到按钮中心，完成后的效果如图3-250所示。使用"横排文字工具"在画布中单击并输入如图3-251所示的文本。

图3-250 调整按钮效果

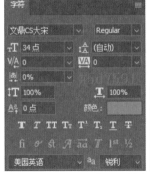

图3-251 输入文本

步骤16 将文字对齐边框的中心，效果如图3-252所示。新建一个名为"选择服务器框"的图层组，将相关图层移动到该图层组中，"图层"面板如图3-253所示。

图3-252 选择服务器框效果

图3-253 "图层"面板

步骤三 绘制游戏Logo背景花纹颜色

步骤01 新建"图层 1"图层，使用"画笔工具"在图层中细化"公告"辅助按钮草稿，如图3-254所示。

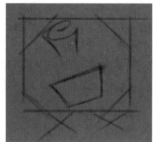  

图3-254 细化"公告"辅助按钮草稿

> 提示：
>
> 由于该游戏界面中图标的底框是共用的，因此，建议新建一个新图层，用于绘制图标草稿。

步骤02 配合"橡皮擦工具"修饰辅助按钮草稿，效果如图3-255所示。隐藏"图层 1"图层，选择"草稿"图层，使用"画笔工具"完成如图3-256所示的草稿的绘制。

 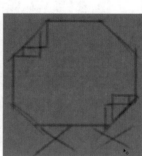 

图3-255 修饰辅助按钮草稿　　　　　　　图3-256 绘制按钮底纹草稿

步骤03 使用"矩形选框工具"拖曳选中按钮底框，按住【Alt】键的同时使用"移动工具"向下拖曳复制，如图3-257所示。使用"橡皮擦工具"擦除"草稿"图层上的草稿，效果如图3-258所示。选中"图层2"图层，按【Ctrl+E】组合键向下合并，"图层"面板如图3-259所示。

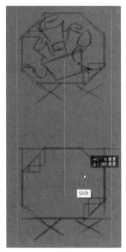
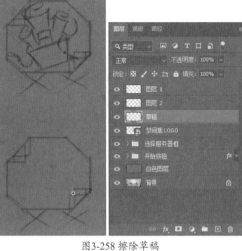

图3-257 复制按钮底框　　　　　　图3-258 擦除草稿　　　　　　　图3-259 合并图层

步骤 04 选择"图层 1"图层，继续使用"画笔工具"绘制"切换账号"按钮草稿，如图3-260所示。

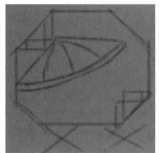

图3-260 细化"切换账号"按钮草稿

步骤 05 单击工具箱中的"多边形工具"按钮，在选项栏中设置边数为8，在画布中单击并拖曳创建一个八边形，如图3-261所示。将其"描边"设置为"无"，在"图层"面板中设置"填充不透明度"为0%，如图3-262所示。

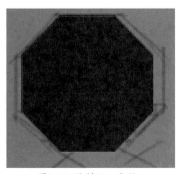

图3-261 绘制正八边形　　　　　　图3-262 设置不透明度

步骤 06 为"多边形 1"图层添加"描边"图层样式，设置"图层样式"对话框中的各项参数，如图3-263所示。单击"确定"按钮，描边效果如图3-264所示。

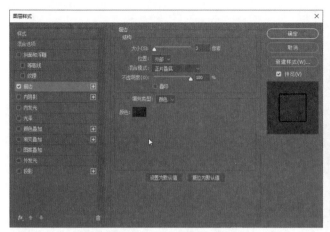

图3-263 设置"描边"样式的各项参数

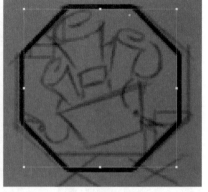

图3-264 描边效果

步骤 07 新建一个名为"图层 2"的图层,使用"画笔工具"参照草稿绘制拐角花纹,效果如图3-265所示。使用"矩形选框工具"拖曳选中拐角花纹,按住【Alt】键拖曳复制并旋转180°,移动到如图3-266所示的位置。

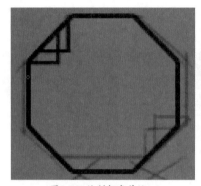

图3-265 绘制拐角花纹

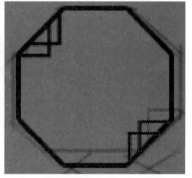

图3-266 复制拐角花纹

步骤 08 选中"图层 2"和"多边形 1"图层,按【Ctrl+E】组合键将两个图层合并,如图3-267所示。单击"图层"面板中的"锁定透明像素"按钮,设置前景色为#f2e597,按【Shift+Alt+backSpace】组合键填充图层,效果如图3-268所示。

图3-267 合并图层

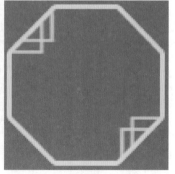

图3-268 填充边框效果

步骤 09 将前景色设置为#fffc18，使用"画笔工具"在边框的右上角和左侧涂抹，绘制光影效果，如图3-269所示。使用"多边形工具"在画布中绘制一个正八边形，效果如图3-270所示。

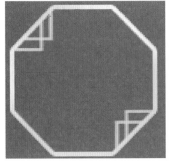

图3-269 绘制光影效果

图3-270 绘制正八边形

提示：
再次绘制的正八边形尺寸要比上一个正八边形的尺寸大2～3个像素。

步骤 10 将八边形"描边"设置为"无"，"填充"颜色设置为白色，修改图层"不透明度"为12%，效果如图3-271所示。选择"图层 2"图层，修改其图层名称为"金属边框"，并为其添加"投影"图层样式，设置"图层样式"对话框中的各项参数，如图3-272所示。

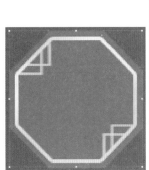

图3-271 八边形效果

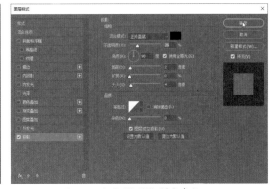

图3-272 设置"投影"样式参数

步骤 11 单击"确定"按钮，投影效果如图3-273所示。在"图层"面板中调整图层顺序，如图3-274所示。

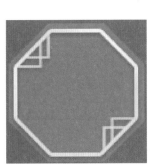

图3-273 投影效果

图3-274 调整图层顺序

步骤12 新建一个名为"白色线条"的图层，设置前景色为白色，使用画笔工具沿草稿绘制图标线条，如图3-275所示。

图3-275 绘制图样草稿线条

步骤13 在"金色边框"图层上新建一个名为"图标底色"的图层，使用"钢笔工具"勾勒出图标主体轮廓并按【Ctrl+Enter】组合键转换为选区，如图3-276所示。

步骤14 设置前景色为#2074b2，按【Alt+Delete】组合键，使用前景色填充选区，效果如图3-277所示。

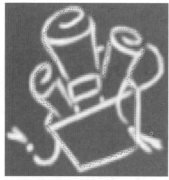

图3-276 创建选区　　　　　　图3-277 填充选区

步骤15 按【Ctrl+D】组合键取消选择。单击"锁定透明像素"按钮，设置前景色为#1c52b6，使用"画笔工具"在按钮周围涂抹笔刷透明度为30%的颜色，效果如图3-278所示。将"素材包\素材\项目二\图标花纹.jpg"文件打开，效果如图3-279所示。

图3-278 涂抹图标周围　　　　　　图3-279 打开素材文件

步骤16 复制并粘贴图标花纹到"图标底色"图层上，并与"图标底色"图层创建剪贴蒙版，如图3-280所示，剪贴蒙版效果如图3-281所示。

图3-280 创建剪贴蒙版

图3-281 剪贴蒙版效果

步骤17 按【Ctrl+T】组合键自由变换图标花纹，效果如图3-282所示。修改图标花纹名称为"花纹"，并设置图层"不透明度"为53%，图层混合模式为"叠加"，效果如图3-283所示。

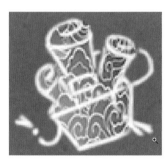

图3-282 自由变换图标花纹

图3-283 按钮效果

步骤18 在"白色线条"图层下方新建一个名为"花纹"的图层组，将"花纹"图层拖曳到该图层组中，如图3-284所示。在"金色边框"图层上单击鼠标右键，在弹出的快捷菜单中选择"拷贝图层样式"命令，如图3-285所示。

步骤19 在"花纹"图层组上单击鼠标右键，在弹出的快捷菜单中选择"粘贴图层样式"命令，如图3-286所示。

图3-284 新建图层组　　图3-285 拷贝图层样式　　　　图3-286 粘贴图层样式

步骤20 双击"花纹"图层组中的"投影"样式，在弹出的"图层样式"对话框中修改"投影"参数，如图3-287所示。单击"确定"按钮，花纹投影效果如图3-288所示。

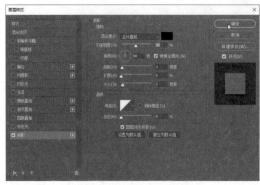 

图3-287 修改"投影"样式的参数   图3-288 花纹投影效果

步骤21 使用"横排文字工具"在按钮下面位置单击并输入文字内容，如图3-289所示。为文字图层添加"渐变叠加"图层样式，设置各项参数，如图3-290所示。

 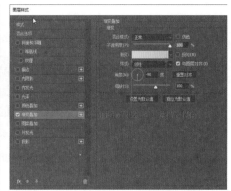

图3-289 输入文本   图3-290 设置"渐变叠加"样式的各项参数

步骤22 选择左侧的"描边"复选框，设置各项参数，如图3-291所示。单击"确定"按钮，文字效果如图3-292所示。

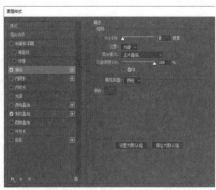 

图3-291 设置"描边"样式的各项参数   图3-292 文字效果

提示：

    金色文字放在蓝色背景上会显得有些突兀，可以通过为其添加一个蓝色矩形背景来增加层次、降低突兀感。

步骤 23 使用"矩形工具"在画布中绘制一个矩形形状，设置其"填充"颜色为#215180，"描边"为"无"，效果如图3-293所示。为该图层添加图层蒙版，使用"黑色"橡皮擦在蒙版上的矩形两侧涂抹，效果如图3-294所示。

图3-293 绘制矩形　　　　　　　图3-362 图层蒙版效果

步骤 24 选择与"公告"图标有关的图层，单击"创建图层组"按钮，新建一个名为"公告"的图层组，如图3-295所示。按住【Alt】键的同时，使用"移动工具"向下拖曳复制一个"公告"图层组，得到"公告 拷贝"图层组，如图3-296所示。

图3-295 新建图层组　　　　　　图3-296 拖曳复制图层组

步骤 25 修改文本内容并与图标对齐，效果如图3-297所示。修改对应的图层名称，"图层"面板如图3-298所示。

图3-297 使文本对齐图标　　　　图3-298 修改图层名称

步骤 26 隐藏"文字底色""白色线条"和"花纹"图层组,继续使用制作"公告"图标的方法,完成"切换账号"图标的制作,效果如图3-299所示。

图3-299 "切换账号"图标制作过程

步骤 27 将"草稿"和"白色图层"图层隐藏,观察两个功能图标的效果。最终的游戏登录界面效果如图3-300所示。执行"文件"→"存储"命令,将文本保存为"登录界面.psd"文件。执行"文件"→"存储副本"命令,将文本保存为"登录界面效果图.jpg"文件。

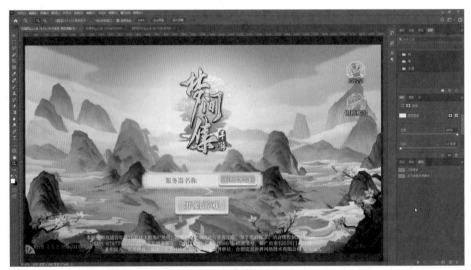

图3-300 最终的游戏登录界面效果

小技巧:
　　完成本案例的制作后,要观察图标在彩色背景上的显示效果,如果出现对比强烈、不协调的情况,要对图标进行适当的修改,以保证整个画面的协调。

提示:
　　将文件存储为PSD格式,可以方便以后对登录界面进行修改。将文件存储为JPG格式,主要是为了方便传输和观察登录界面效果。

3.3.5 【任务考核与评价】

　　本任务主要完成《梦间集》游戏登录界面功能图标的绘制,为了帮助读者理解本任务所学内容,完成本任务的学习后,需要对读者的学习效果进行评价。

　　● 评价点

- 游戏Logo摆放位置是否在界面视觉中心。
- "开始游戏"按钮和"选择服务器框"按钮的规划是否合理。
- 输出的游戏界面素材文件尺寸是否符合规范。
- 辅助功能图标背景是否具有"复用性"的特点。
- 辅助功能图标与背景颜色搭配是否协调。

● 评价表

评价表如表3-4所示。

表 3-4 评价表

任务名称	设计制作游戏登录界面功能图标	组别		教师评价	（签名）	专家评价	（签名）
类别	评 分 标 准						得分
知识	完全掌握游戏登录界面中元素的不同功能和作用，游戏登录界面 Logo 的位置和作用，以及规划游戏登录界面结构的方法和技巧，并能灵活运用			15~20			
	基本掌握游戏登录界面中元素的不同功能和作用，游戏登录界面 Logo 的位置和作用，以及规划游戏登录界面结构的方法和技巧			10~14			
	未能完全掌握游戏登录界面中元素的不同功能和作用，游戏登录界面 Logo 的位置和作用，以及规划游戏登录界面结构的方法和技巧			0~9			
技能	高度完成设计制作游戏登录界面功能图标，完整度高，设计制作精美，具有商业价值			40~50			
	基本完成设计制作游戏登录界面功能图标，完整度尚可，设计制作美观，符合大众审美			20~39			
	未能完成完整的设计制作游戏登录界面功能图标，设计制作不合理，作品仍需完善，需要加强练习			0~19			
素养	能够独立阅读，并准确划出学习重点，在团队合作过程中能主动发表自己的观点，能够虚心向他人学习并听取他人的意见及建议，工作结束后主动将工位整理干净			20~30			
	学习态度端正，在团队合作中能够配合其他成员共同完成学习任务，工作结束后能够将工位整理干净			10~19			
	不能够主动学习，学习态度不端正，不能完成既定任务			0~9			
总分				100			

3.3.6 【任务拓展】

完成本任务所学内容后，读者尝试设计如图3-301所示的游戏登录界面，并尝试整合输出游戏弹窗界面中的各种素材。输出素材时，注意使用规范的命名方式，以便于其他人员使用。

图3-301 游戏登录界面

3.4 项目总结

通过本项目的学习，读者完成"设计制作游戏Logo文字标题""设计制作游戏Logo鎏金质感和背景"和"设计制作游戏登录界面功能图标"3个任务。通过完成该项目，读者应掌握游戏登录界面中包含的元素内容，以及不同元素的设计要求和作用，并能够使用Photoshop完成《梦间集》游戏登录界面的绘制和输出。

3.5 巩固提升

完成本项目学习后，接下来通过几道课后测试，检验一下对"设计制作游戏登录界面"的学习效果，同时加深对所学知识的理解。

一、选择题

在下面的选项中，只有一个是正确答案，请将其选出来并填入括号内。

1. 玩家点击手机桌面上的游戏App图标打开游戏后，展示在玩家面前的第一个与游戏相关的页面是（　　）。

  A. 游戏注册界面

  B. 游戏弹窗界面

  C. 游戏登录界面

  D. 游戏会员界面

2. 下列选项中，不属于游戏登录界面作用的是（　　）。

  A. 展示游戏名称

  B. 选择服务器

  C. 展示游戏信息

  D. 促销游戏周边

3. 版权说明、游戏信息和健康游戏提示常常被放置在界面中间（ ）的位置。

A. 上面

B. 中间

C. 下面

D. 右边

4. 游戏登录界面中的游戏Logo通常会放置在（ ）。

A. 登录界面左上角

B. 登录界面中心

C. 登录界面右下角

D. 醒目的视觉中心位置

5. 下列选项是游戏登录界面中包含的元素，哪种元素要设计得最美观（ ）。

A. 游戏Logo

B. 开始游戏

C. 选择服务器

D. 辅助功能

二、判断题

判断下列各项叙述是否正确，对，打"√"；错，打"×"。

1. 游戏为了让玩家从杂乱的手机桌面过渡到游戏当中，获得沉浸的游戏体验，一般都会提供一个比较华丽、漂亮、炫酷的游戏登录界面。（ ）

2. 健康游戏提示一般包括游戏版权信息和游戏健康提示两部分内容。（ ）

3. 游戏Logo不一定要醒目且美观，但是一定要摆放在画面顶部的中心位置。（ ）

4. "开始游戏"按钮通常设计得较大、较醒目，以方便玩家点击。（ ）

5. 完成游戏登录界面的设计制作后，需要将文件分别存储为PSD格式和JPG格式。（ ）

三、创新题

根据本项目所学内容，读者深刻理解登录界面的制作流程和相关技术后，参考如图3-302所示的游戏登录界面，设计制作一款中国风游戏登录界面。在制作时要注意表现游戏Logo的质感，同时做好各种辅助按钮的组合工作。

图3-302 游戏登录界面

PROJECT

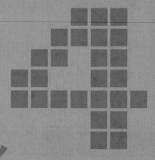

设计制作游戏强化界面

角色强化 ❓   9999

角色等级不足，无法进行花开

花开次数   0/9

花开结果预览

等级 7/8	等级 7/99
生命 8888	生命 9999
攻击 888	攻击 999
防御 88	防御 99

—— 此次花开后可激活被动技能 ——

花开所需材料

紫晶之兰   金叶子

9/99   999/99

消耗 💰 99999   花开

角色名称

融合
花开   9
判词   相守

【项目描述】

本项目将完成一个游戏强化界面的设计制作。按照游戏界面设计实际工作流程，依次完成"设计制作游戏强化界面底框""设计制作游戏强化界面按钮"和"游戏强化界面资源整合"3个任务，最终的完成效果如图4-1所示。

图4-1 游戏强化界面效果

通过完成该项目的制作，帮助读者了解游戏强化界面的定义和作用；了解游戏强化界面的主要组成部分，掌握设计制作游戏强化界面的方法和要点；并能够举一反三，将所学内容应用到其他游戏强化界面的设计中。

【项目需求】

根据研发组的要求，下发设计工作单，对界面设计注意事项、制作规范和输出规范等制作项目提出详细的制作要求。设计人员根据工作单要求在规定的时间内完成强化界面的设计制作，工作单内容如表4-1所示。

表 4-1 某游戏公司游戏 UI 设计工作单

工作单							
项目名	设计制作游戏强化界面					供应商	
分类	任务名称	开始日期	提交日期	界面底框	界面按钮	资源整合	工时小计
UI	强化界面			4 天	4 天	2 天	

表 4-1 某游戏公司游戏 UI 设计工作单（续）

工作单		
备注	注意事项	界面中主色、辅色和强调色的合理运用；界面底框和图标底框的复用性；界面文字内容的排版与布局要合理
	制作规范	强化界面要采用一种浅灰蓝色的颜色作为主色调。搭配局部小面积明亮的红色、黄色和紫色。界面效果和谐统一，主题突出，又不至于太花哨；制作过程中要随时考虑元素的对称和呼应，底框的风格和花纹要保持一致；注意界面中相同元素的复用问题
	输出规范	游戏标题、Logo、图标、角色立绘和按钮等元素输出为透底的 PNG 格式，背景图和图案等元素输出为 JPG 格式

【项目目标】

本项目包括知识目标、技能目标和素养目标，具体内容如下。

● 知识目标

通过本项目的学习，应达到如下知识目标。

· 熟记游戏玩家的分类。

· 熟知游戏强化系统的概念。

· 熟知游戏强化系统的分类与作用。

· 熟知"三面五调"的概念。

· 熟记游戏界面的设计要点。

● 技能目标

通过本项目的学习，应达到如下技能目标。

· 能够完成界面精细线稿的绘制。

· 能够完成界面精细光影效果的绘制。

· 能够将外部素材合成到界面中。

· 能够完成图标和按钮丰富的光影效果绘制。

· 能够正确存储和输出界面素材。

● 素养目标

通过本项目的学习，应达到如下素养目标。

· 培养学生具有自主学习和解决问题的能力。

· 培养学生具有多学科交叉的创新能力。

· 培养学生的综合创新思维能力。

· 培养学生的知识拓展应用能力。

· 积极弘扬中华美育精神，引导学生自觉传承中华优秀传统艺术，振兴国风游戏。

【项目导图】

本项目讲解设计制作游戏强化界面的相关知识内容，主要包括"设计制作游戏强化界面底框""设计制作游戏强化界面按钮"和"游戏强化界面资源整合"3个任务，任务实施内容与操作步骤如图4-2所示。

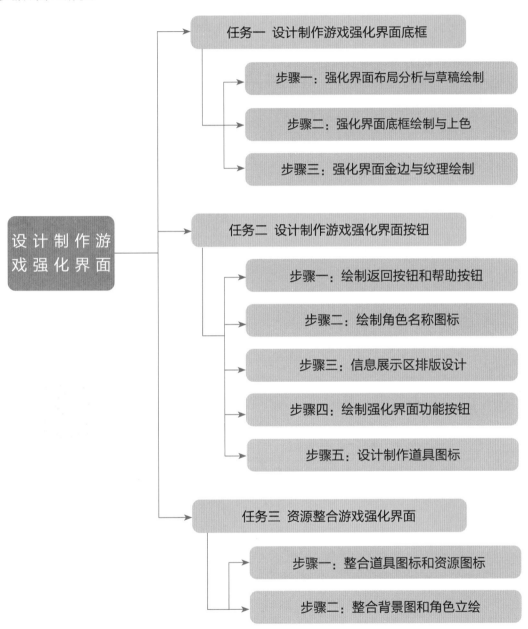

图4-2 任务实施内容与操作步骤

4.1 设计制作游戏强化界面底框

4.1.1 【任务描述】

本任务将完成游戏强化界面底框的设计制作。按照实际工作中的制作流程，将制作过程分为强化界面布局分析与草稿绘制、强化界面底框绘制与上色和强化界面金边与纹理绘制3个步骤。完成后的游戏强化界面底框效果如图4-3所示。

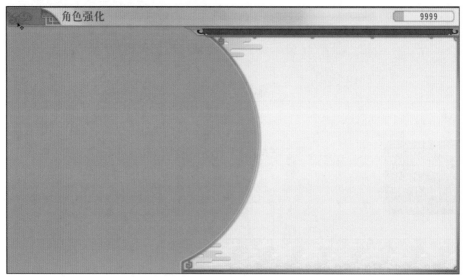

图4-3 游戏强化界面底框效果

源 文 件	源文件\项目四\任务 1\强化界面底框 .psd
素 材	素 材\项目四\任务 1
主要技术	画笔工具、矩形工具、圆角矩形工具、横排文字工具、图层面板、图层样式、剪贴蒙版

扫一扫观看演示视频

4.1.2 【任务目标】

知识目标	1. 熟知游戏玩家的分类 2. 熟知游戏五大辅助系统 3. 熟记游戏界面底框的设计要点
技能目标	1. 能够使用"画笔工具"逐步细化草稿 2. 能够使用"矩形工具"绘制花纹 3. 能够使用图层样式增加图形质感
素养目标	1. 培养学生自主学习和解决问题的能力 2. 培养学生多学科交叉的创新能力

4.1.3 【知识导入】

1. 游戏玩家的分类

按照巴图分类法理论，可以将所有游戏玩家按照行动（Actiong）、世界（World）、交互（Interactiong）和人（Player）4个方向分为杀手（Killer）、成就（Achiever）、社交（Socialiser）和探索（Explorer）4种，如图4-4所示。巴图分类法是由理查德·巴图归纳总结出来的，它是最早用来分析归纳多人游戏环境下游戏玩家心理的理论。

图4-4 巴图分类法对玩家的分类

> 提示：
>
> 理查德·巴图（Richard Bartle）是多用户游戏领域的先锋，是第一个参与MUD游戏的联合开发者。

● 杀手

杀手型玩家喜欢把自己的意愿强加给他人，他们的需求是在游戏中以显示自己的强大为目的，与其他玩家进行互动，热衷于PVP玩法。

> 提示：
>
> PVP（player versus player）是指游戏中玩家对战玩家的游戏模式，通常是指玩家互相利用游戏资源攻击而形成的互动竞技游戏模式。与其相对的是PVE（player versus environment），是指玩家对战环境的游戏模式。

● 成就

成就型玩家主要关注的是如何在游戏中取胜或者达成某些特定的目标。这些目标可能包括游戏固有的成就或者玩家自己制定的目标。常见的是玩家收集装备，提升自己，升级或者与Boss和其他玩家对战。

● 社交

社交型玩家的兴趣在于与其他玩家产生联系，热衷于各类社交玩法，他们喜欢利用公会和团队来强化自己在游戏中的世界存在感。

● 探索

探索型玩家喜欢不断追求游戏中的惊喜，热衷于世界与他们的互动。游戏收集爱好者就属于这一类玩家，他们特别喜欢在游戏中收集物品、刷副本，以及收集装备和开宝箱等。

2．游戏的五大辅助系统

一个中大型游戏，除了满足玩家在游戏中体验剧情、享受竞技和打击的愉悦感之外，还需要围绕游戏核心机制设计各种辅助功能，帮助玩家搜集物品、提升自己或进行必要的交流，从而提高玩家的游戏体验度。

游戏为了满足以上4类玩家的各种要求，将游戏分为任务系统、强化系统、装备系统、商城系统和社交系统五大系统，如图4-5所示。这五大系统功能是游戏中必备的，能大大提升玩家的游戏体验，并且功能相对辅助。游戏设计师可围绕该功能开发各种辅助玩法，增加游戏玩家的黏度。

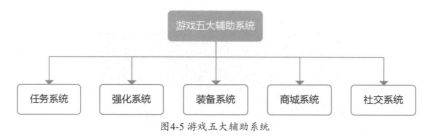

图4-5 游戏五大辅助系统

- **任务系统**

任务系统比较适合成就型玩家，图4-6所示为游戏任务系统界面。界面中的任务虽然看起来有些无聊，挑战性不高，但是对于成就型玩家来说，完成任务后就可以收集一些道具或者装备，能够满足自己在游戏中的成就感。

图4-6 游戏任务系统界面

图4-7所示的任务系统界面中提供了各种主线、支线和副本任务，成就型玩家完成这些任务后，可以领取经验和道具。由此可见，游戏界面中的任务系统能够增加游戏对成就型玩家的吸引力。

图4-7 游戏任务系统界面中的主线、支线和副本任务

● 强化系统

强化系统是针对成就型玩家或杀手型玩家准备的，图4-8所示为游戏强化系统界面。成就型玩家通常通过收集各种装备让自己变强，达成击杀Boss或战胜对手的成就。杀手型玩家则主要在游戏中体验击杀的快感。可以通过强化系统给成就型玩家和杀手型玩家提供强化的途径，使他们越来越强。

图4-8 游戏强化系统界面

● 装备系统

装备系统也是为渴望变强的成就型玩家或杀手型玩家准备的，图4-9所示为游戏装备系统界面。游戏玩家可以通过在游戏中不断地刷经验来提升自己的等级，让自己变得更强。等级每提升一级，玩家的属性，如生命值、法力值和移动速度值等参数会自动增加点数。

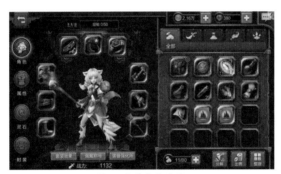

图4-9 游戏装备系统

此外，玩家还可以通过收集装备、养宠物、使用增益道具来让自己变强。因此，能让玩家变强的装备系统就显得非常重要了。

图4-10所示的装备系统界面中以星级的方式划分装备的强度，根据装备的稀有程度将装备分为红色装备和蓝色装备，供不同等级的玩家挑选使用。

图4-10 供玩家挑选的装备

- 商城系统

商城系统能够满足探索型玩家和社交型玩家的需求，图4-11所示为商城系统界面。商城系统中应有尽有的装备可以满足探索性玩家的收集癖；社交型玩家可以通过拍卖行或者玩家与玩家之间进行装备或者道具的交易，以增加游戏中人和人的交互性。

- 社交系统

社交系统是为社交型玩家量身打造的，图4-12所示为社交系统界面。玩家可以通过添加好友、加入公会或帮派，让游戏玩家相互联络起来，相互帮助，一起打游戏、刷副本或交换装备，增加游戏中玩家与玩家的联系。社交型玩家可以通过社交系统充分体验游戏的乐趣。

图4-11 游戏商城系统界面

图4-12 游戏社交系统界面

3. 强化界面底框的设计要点

该游戏强化界面底框按照上下布局分割界面，上面为一个很窄的通栏状态栏，状态栏的信息集中在左右两侧。左侧为返回按钮和标题栏。右侧为资源展示区。在绘制状态栏时，需要注意以下几个问题。

- 注意颜色的搭配

状态栏和整个底框都采用了"浅灰色+蓝色+金色"的配色方案。使用大面积的浅灰色或者浅蓝色作为底色，使用小面积的蓝色和金色作为点缀色。界面中几乎所有元素的颜色都从以上3种颜色中选择。整个界面色彩搭配协调，色调也非常统一。

- 注意立体感的体现

该游戏强化界面并不是纯粹的扁平风格，界面中的元素也稍微带有一些立体感。在绘制金边、底色时，为了符合扁平风格，并没有使用"斜面与浮雕"图层样式制作凹凸感，而是为元素添加"投影"样式，在保持整个界面扁平风格的同时，增加了立体感。

状态栏与界面下部分底框的颜色都比较"素"，会让玩家感觉比较单调、无趣。因此在状态栏与下部分的大面积底框之间添加了一个颜色鲜艳的横条作为点缀区，既起到了从状态栏到下部分底框的过渡效果，又能为底框界面增色，丰富界面效果。

下部分位置主要用来摆放界面的关键信息，因此一定要保持底色的干净。因此，采用了大量浅灰色作为底色，少量的金色作为描边色的配色方案。金色边框与淡黄色云纹和底部暗纹的添加，虽然没有实际功能，但对于调节界面结构和丰富界面内容，也起到了重要作用。

小技巧：

通过添加半透明边框效果，适当增加界面立体感的同时，让扁平界面增加了层次感和立体感。

4.1.4 【任务实施】

按照强化界面设计制作流程，由简入繁，将任务划分为强化界面布局分析与草稿绘制、强化界面底框绘制与上色和强化界面金边与纹理绘制3个步骤实施，图4-13所示为步骤内容和主要技能点。

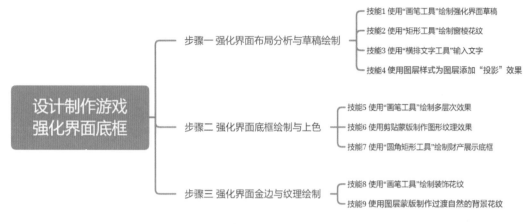

图4-13 步骤内容和主要技能点

步骤一 强化界面布局分析与草稿绘制

步骤 01 启动Photoshop软件，新建一个1920×1080像素的文档，如图4-14所示。设置前景色为#9d9d9d，按【Alt+Delete】组合键填充画布，效果如图4-15所示。

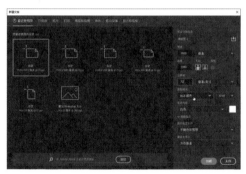

图4-14 新建文档

图4-15 填充画布背景效果

> 提示：
>
> 轮廓稿中只是使用直线和弧线标明了界面布局。界面被分为上下两部分，上部分为状态栏，状态栏只在左侧或右侧有关键信息。

步骤 02 新建一个名为"轮廓稿"的图层，使用"画笔工具"绘制强化界面的轮廓稿，各部分功能的规划如图4-16所示。

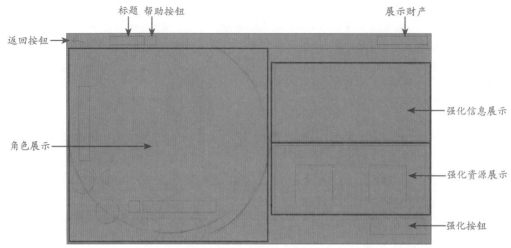

标题 帮助按钮　　　　　　　　　　　　展示财产

返回按钮

强化信息展示

角色展示

强化资源展示

强化按钮

图4-16 强化界面各部分功能规划

步骤 03 左侧的角色展示区将放置强化角色的立绘效果图，在美化界面的同时还能使玩家了解这个角色的信息，各部分功能规划如图4-17所示。

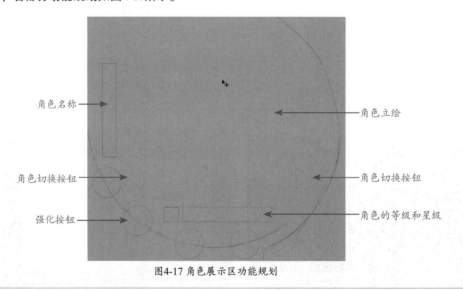

角色名称

角色立绘

角色切换按钮

角色切换按钮

强化按钮

角色的等级和星级

图4-17 角色展示区功能规划

提示：

　　游戏角色的等级和星级是不同的。通过提升游戏等级，让角色的普通属性得到稳步增长。通过提升游戏星级，让角色的层次或者含金量逐级增长。

步骤 04 新建一个名为"草稿"的图层，隐藏"轮廓稿"图层，使用"画笔工具"绘制顶部状态栏的轮廓，如图4-18所示。

图4-18 绘制顶部状态栏轮廓

提示：

　　绘制界面底框时，很少使用单色或渐变填充。为了增加界面的精致感，通常会为底框加上边。本任务将采用"浅灰色底框+金色边"或者"浅蓝色底框+金色边"的搭配方案。

步骤 05 继续使用"画笔工具"绘制右侧的展示财产草稿，如图4-19所示。在页面中绘制如图4-20所示的草稿，用来缓解顶部长条状态栏与底部圆弧界面的生硬感。

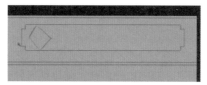

图4-19 绘制展示财产草稿

图4-20 绘制装饰花纹

提示：

　　为了让"草稿"图层中的草稿线条更加清晰，可以为"轮廓稿"图层添加图层蒙版，将影响草稿效果的轮廓稿遮罩起来。

步骤 06 使用"椭圆工具"在画布中绘制一个正圆形的工作路径，如图4-21所示。继续使用"椭圆工具"绘制两个同心圆工作路径，效果如图4-22所示。

步骤 07 使用"多边形套索工具"选中工作路径右侧的路径，如图4-23所示。使用"画笔工具"描边路径，效果如图4-24所示。

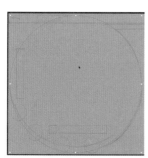

图4-21 绘制正圆形工作路径

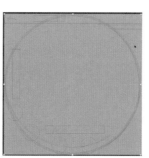

图4-22 绘制同心圆工作路径

图4-23 创建选区

图4-24 描边路径

步骤 08 使用"画笔工具"将下部描边边框向下延伸，效果如图4-25所示。继续使用"画笔工具"沿文档右侧边缘绘制边框，效果如图4-26所示。

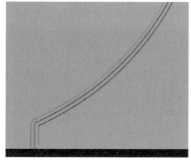

图4-25 将下部描边边框向下延伸

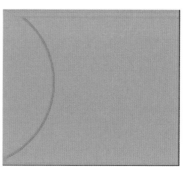

图4-26 绘制边框

步骤 09 继续使用"画笔工具"细化左右翻页箭头的草稿，效果如图4-27所示。

图4-27 细化左右翻页箭头草稿

步骤 10 使用"椭圆工具"绘制4个同心圆的工作路径，创建选区并使用"画笔工具"描边路径，得到如图4-28所示的边框效果。在"图层"面板中新建一个名为"草稿2"的图层，如图4-29所示。

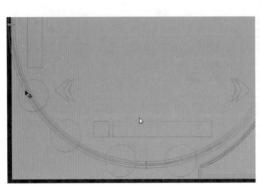

图4-28 工作路径描边效果

图4-29 新建图层

提示：

　　由于边框与强化按钮有相交的部分，为了避免后期绘制时相互影响，因此新建一个图层来绘制强化按钮草稿。

步骤 11 参考轮廓图，使用"椭圆工具"绘制4个圆形工作路径，效果如图4-30所示。使用"画笔工具"描边圆形工作路径，效果如图4-31所示。

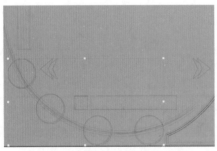

图4-30 绘制圆形工作路径

图4-31 描边工作路径

步骤 12 使用"画笔工具"在如图4-32所示的位置绘制花纹草稿，丰富界面效果，增加界面的"高级感"。

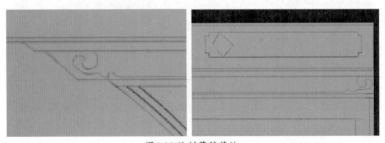

图4-32 绘制草稿花纹

步骤 13 继续使用"画笔工具"在界面角落绘制装饰花纹，增加界面的精致感，效果如图4-33所示。

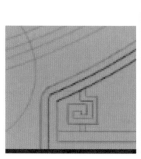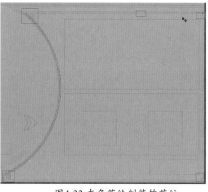

图4-33 在角落绘制装饰花纹

提示：

在设计游戏界面时，界面中应避免有大面积的空白。大面积空白的界面会让玩家觉得界面太过单调、无趣且没有设计感。设计师应在不重要的位置添加一些装饰花纹，在起到装饰作用的同时，也避免让玩家对界面产生沉闷、无趣的感觉。

步骤 14 继续使用"画笔工具"在顶部状态栏标题处绘制窗棂花纹，与下面的弧线轮廓相呼应，整个界面风格高度统一，花纹效果如图4-34所示。继续在界面中不能输入文字的无效位置绘制云纹效果，效果如图4-35所示。

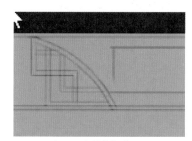

图4-34 绘制窗棂花纹　　　　　　　　图4-35 在无效位置绘制花纹

步骤二 强化界面底框绘制与上色

步骤 01 新建一个图层，使用"矩形工具"绘制状态栏顶部和底部的金边，效果如图4-36所示。新建一个名为"窗棂花纹"的图层，使用"矩形工具"参考草稿绘制窗棂花纹，效果如图4-37所示。

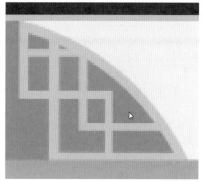

图4-36 绘制上下金边　　　　　　　　图4-37 绘制窗棂效果

步骤 02 新建一个图层，使用"矩形工具"绘制填充色为#e9ebf0的矩形。再次新建一个图层，使用"矩形工具"绘制填充色为#607da5的矩形，并创建剪贴蒙版，"图层"面板如图4-38所示。状态栏效果如图4-39所示。

图4-38 "图层"面板

图4-39 状态栏效果

步骤 03 设置前景色为#20395c，锁定"左侧颜色"图层透明区域，使用"画笔工具"绘制金边和窗棱的阴影效果，如图4-40所示。使用"渐变工具"为白色状态栏添加从淡蓝色到白色的线性渐变，效果如图4-41所示。

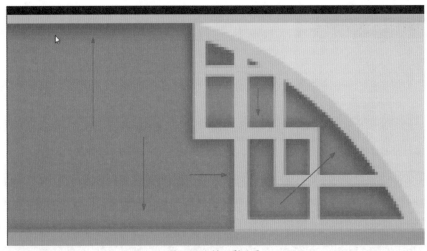
图4-40 绘制阴影效果

图4-41 添加线性渐变

提示：

　　为白色状态栏添加了淡蓝色线性渐变后，能够使状态栏左侧的蓝色与右侧的白色很好地衔接起来，过渡更加自然。

步骤 04 选择"窗棱花纹"图层并锁定图层透明区域，使用"画笔工具"绘制窗棱的颜色层次，效果如图4-42所示。新建一个名为"状态栏底色"的图层组，将与状态栏底色相关的图层移动到该图层组中，"图层"面板如图4-43所示。

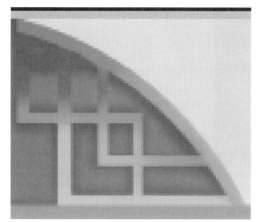

图4-42 绘制窗棱渐变效果　　　　　　图4-43 "图层"面板

提示：

　　窗棱部分和右侧弧线是不同的组成部分，在绘制颜色层次时，可以通过先创建选区再绘制的方式分别为这两部分绘制颜色层次。

步骤05 使用"圆角矩形工具"参考草稿绘制两个圆角矩形形状，将填充颜色设置为#f2f2e8，描边颜色设置为"无"，效果如图4-44所示。

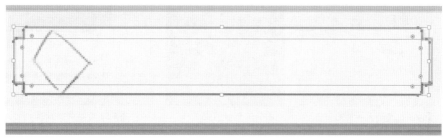

图4-44 使用圆角矩形工具绘制图形

步骤06 为"圆角矩形"图层添加"描边"图层样式，设置描边的各项参数，如图4-45所示。描边效果如图4-46所示。

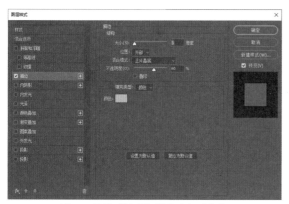

图4-45 设置"描边"样式的各项参数

图4-46 描边效果

步骤07 继续为图形添加"内发光"图层样式，设置各项参数，如图4-47所示。内发光效果如图4-48所示。

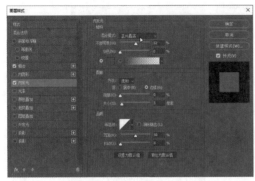

图4-47 设置"内发光"样式的各项参数

图4-48 内发光效果

步骤 08 在"圆角矩形"图层上方新建一个图层,创建选区并填充#a8bddc颜色,效果如图4-49所示。将该图层与下方的圆角矩形图层创建剪贴蒙版,"图层"面板如图4-50所示,得到如图4-51所示的效果。

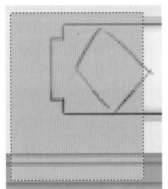

图4-49 创建选区并填充颜色

图4-50 创建剪贴蒙版

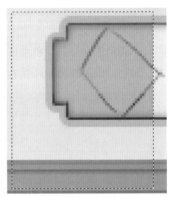

图4-51 剪贴蒙版效果

提示:

　　设计师可以通过使用不同的颜色来划分界面,并在不同的颜色区域放置不同的内容,方便玩家查看与对比。

步骤 09 使用"横排文字工具"在画布中单击并输入文本,设置文字颜色为#365572,"字符"面板的各项参数设置如图4-52所示。将文字与圆角矩形背景对齐,效果如图4-53所示。

图4-52 输入文本

图4-53 对齐背景

步骤 10 新建一个名为"财产展示"的图层组,将与财产有关的图层拖曳到图层组中,如图4-54所示。使用"横排文字工具"在标题栏中输入界面标题,在"字符"面板中设置标题文字的各项参数,如图4-55所示。

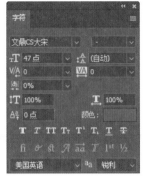

图4-54 新建图层组　　　　　　　　　　图4-55 输入界面标题

提示：

　　将标题文字的颜色设置为深蓝色，既能在浅灰蓝色的背景上清晰显示，又能与左侧的蓝色背景相互呼应，起到平衡界面的作用。

步骤 11 新建一个名为"状态栏"的图层组，将所有相关的图层和图层组拖曳到新建的图层组中，如图4-56所示。为"状态栏"图层组添加"投影"图层样式，设置"投影"样式的各项参数，如图4-57所示。单击"确定"按钮，"投影"效果如图4-58所示。

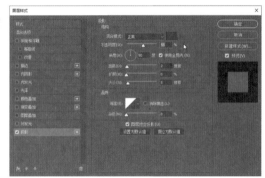

图4-56 新建图层组　　　　　　　图4-57 设置"投影"样式的各项参数

图4-58 状态栏投影效果

步骤 12 在"左侧颜色"图层上方新建一个名为"云纹"的图层，如图4-59所示。设置前景色为#476697，使用"画笔工具"绘制中国风的云纹图案，丰富左侧界面，效果如图4-60所示。

图4-59 新建图层　　　　　　　　　图4-60 绘制云纹图案

设计师经常会在背景或按钮上添加花纹,这些花纹通常只是为了起到丰富界面、装饰界面的作用。界面中比较空、比较单调的位置,可以通过添加描边和暗纹的方式,获得更丰富的效果。

步骤三 强化界面金边与纹理绘制

步骤 01 新建一个名为"金边1"的图层,设置前景色为#bb9c51,使用"画笔工具"绘制如图4-61所示的图形。

图4-61 绘制金边图形

步骤 02 在"金边1"图层下方新建一个名为"金边2"的图层,设置前景色为#d5b159,使用"画笔工具"绘制如图4-62所示的图形。

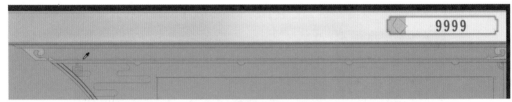

图4-62 继续绘制金边图形

步骤 03 在"金边2"图层下方新建一个名为"底色"的图层,设置前景色为#0b3e6b,使用"画笔工具"绘制如图4-63所示的图形。"图层"面板如图4-64所示。

图4-63 绘制底色

图4-64 "图层"面板

步骤 04 选择"金边1"图层,锁定图层透明区域,设置前景色为#b69952,使用"画笔工具"沿金边的顶部涂抹,绘制阴影效果,如图4-65所示。

图4-65 绘制"金边1"的阴影效果

步骤 05 选择"金边2"图层，锁定图层透明区域，使用相同的方法绘制阴影，效果如图4-66所示。选择"底色"图层，使用"画笔工具"沿金边绘制金边的投影，绘制效果如图4-67所示。

图4-66 绘制"金边2"的阴影效果　　　　　　　　图4-67 绘制"底色"投影

步骤 06 绘制完成的由3个图层组成的花纹效果如图4-68所示。

图4-68 花纹效果

步骤 07 将"按钮花纹.png"文件打开，如图4-69所示。按【Shift+Ctrl+U】组合键将图片去色，并拖曳到"底色"图层上方，通过拖曳复制的方法得到如图4-70所示的效果。

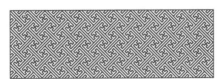

图4-69 打开素材文件

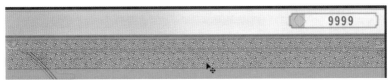

图4-70 去色并拖曳复制

步骤 08 将"花纹 拷贝"图层与"底色"图层创建剪贴蒙版，并修改"花纹"图层的不透明度为13%，混合模式为"划分"，如图4-71所示。花纹效果如图4-72所示。新建一个名为"顶部花纹"的图层组，将相关图层拖曳到新建的图层组中，如图4-73所示。

图4-71 创建剪贴蒙版　　　　　　图4-72 花纹效果　　　　　　图4-73 新建图层组

步骤 09 为"顶部花纹"图层组添加"投影"图层样式，设置"投影"样式的各项参数，如图4-74所示。单击"确定"按钮，投影效果如图4-75所示。

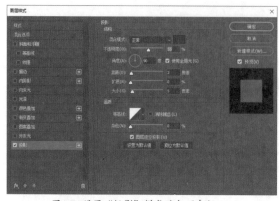

图4-74 设置"投影"样式的各项参数

图4-75 投影效果

步骤 10 新建一个名为"深棕色花纹"的图层，效果如图4-76所示。创建选区并填充#a67a4d颜色，效果如图4-77所示。复制"顶部花纹"图层组的"投影"图层样式，效果如图4-78所示。

图4-76 新建图层

图4-77 创建选区并填充颜色

图4-78 投影效果

步骤 11 沿草稿创建如图4-79所示的选区并填充#B6834C颜色。完成金边轮廓的绘制。使用"画笔工具"增加边框的层级，压暗边角，提亮高光，效果如图4-80所示。

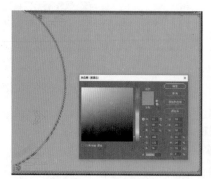

图4-79 绘制金边轮廓

图4-80 绘制边框层级

步骤12 为该图层添加"外发光"图层样式，设置"外发光"样式的各项参数，如图4-81所示。单击"确定"按钮，外发光效果如图4-82所示。

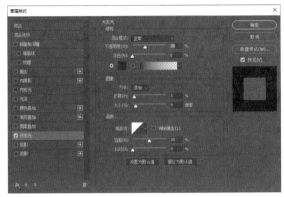 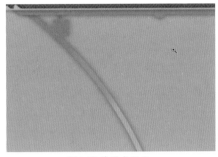

图4-81 设置"外发光"参数　　　　　　　图4-82 外发光效果

步骤13 新建一个名为"底色"的图层，创建选区并使用#e5eef5颜色填充，填充效果如图4-83所示。"图层"面板如图4-84所示。

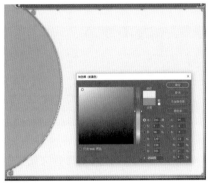 

图4-83 填充底色　　　　　　图4-84 "图层"面板

步骤14 新建一个名为"半透明底色"的图层，沿草稿绘制如图4-85所示的选框。使用#e5eef5颜色填充选区并修改图层不透明度为45%，如图4-86所示。半透明边框效果如图4-87所示。

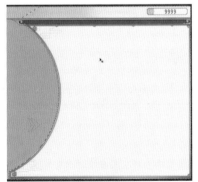  

图4-85 创建选框　　　图4-86 填充选区并修改不透明度　　　图4-87 半透明边框效果

提示：

　　半透明边框类似水晶、玻璃或者塑料材质的质感。在实心的边框外侧增加半透明边框，能够让界面显得更加柔美，常用于偏女性化的游戏界面中。

步骤15 新建一个名为"云纹 1"的图层，创建选区并填充从#e3d6bd到#eadbbb的线性渐变，效果如图4-88所示。新建一个名为"云纹 2"图层，创建选区并填充从#ebddbc到#e2d5b8的线性渐变，效果如图4-89所示。

图4-88 为"云纹1"填色　　　　　　　　　　　图4-89 为"云纹2"填色

步骤16 新建一个名为"云纹"的图层组，将与云纹相关的图层拖曳到新建的图层组中，如图4-90所示。为"云纹"图层组添加"投影"图层样式，效果如图4-91所示。

图4-90 新建图层组　　　　　　　　图4-91 投影效果

步骤17 将"海浪素材.jpg"文件打开，效果如图4-92所示。将其拖曳到文档中并拖曳复制多个，效果如图4-93所示。

图4-92 打开素材文件　　　　　　　图4-93 使用图片素材并复制多个

提示：

　　在进行游戏界面设计时，尽量不要使用单调的纯色底色。可以通过添加渐变或者绘制暗纹的方式，为底色增加一些纹理效果。

步骤18 合并所有的海浪图层并与"底色"图层创建剪贴蒙版，"图层"面板如图4-94所示。为图层添加图层蒙版，设置前景色为黑色，使用"画笔工具"在蒙版中涂抹，实现渐隐过渡效果，如图4-95所示。

图4-94 创建剪贴蒙版　　　　　　　　　图4-95 创建图层蒙版制作渐隐效果

步骤19 修改图层混合模式为"明度"，并修改图层不透明度为40%，效果如图4-96所示。最终完成的强化界面底框效果如图4-97所示。"图层"面板如图4-98所示。

图4-96 修改图层的混合模式和不透明度后的效果　　图4-97 强化界面底框效果　　　　图4-98 "图层"面板

4.1.5 【任务考核与评价】

本任务使用Photoshop完成游戏强化界面底框的设计制作，读者在学习过程中要掌握游戏强化界面设计的原理和流程，理解游戏强化界面设计的色彩搭配技巧和风格统一的方法。完成本任务的学习后，需要对读者的学习效果进行评价。

● 评价点

· 界面结构是否合理，功能是否全面。

· 图层"投影"样式是否添加。

· 界面中的各种元素是否对齐。

· 界面中的立体感和颜色渐变是否协调。

· 界面底色暗纹是否自然且与底色自然融合。

- 评价表

评价表如表4-2所示。

表 4-2 评价表

任务名称	设计制作游戏强化界面底框	组别	教师评价	（签名）	专家评价	（签名）
类别	评 分 标 准					得分
知识	完全理解游戏巴图分类法理论，游戏五大辅助系统，以及游戏强化界面的设计要点，并能灵活运用		15~20			
知识	基本理解游戏巴图分类法理论，游戏五大辅助系统，以及游戏强化界面的设计要点		10~14			
知识	未能完全理解游戏巴图分类法理论，游戏五大辅助系统，以及游戏强化界面的设计要点		0~9			
技能	高度完成设计制作游戏强化界面底框，完整度高，设计制作精美，具有商业价值		40~50			
技能	基本完成设计制作游戏强化界面底框，完整度尚可，设计制作美观，符合大众审美		20~39			
技能	未能完成完整的设计制作游戏强化界面底框，设计制作不合理，作品仍需完善，需要加强练习		0~19			
素养	能够独立阅读，并准确画出学习重点，在团队合作过程中能主动发表自己的观点，能够虚心向他人学习并听取他人的意见及建议，工作结束后主动将工位整理干净		20~30			
素养	学习态度端正，在团队合作中能够配合其他成员共同完成学习任务，工作结束后能够将工位整理干净		10~19			
素养	不能够主动学习，学习态度不端正，不能完成既定任务		0~9			
总分			100			

4.1.6 【任务拓展】

完成本任务所学内容后，读者尝试设计如图4-99所示的游戏强化界面底框。制作中要充分体会界面色彩搭配对于整个界面效果的影响。

图4-99 游戏强化界面底框

4.2 设计制作游戏强化界面按钮

4.2.1 【任务描述】

　　本任务将完成游戏强化界面按钮的制作，按照实际工作流程分为绘制返回按钮和帮助按钮、绘制角色名称图标、信息展示区排版设计、绘制强化界面功能按钮和设计制作道具图标5个步骤，完成效果如图4-100所示。

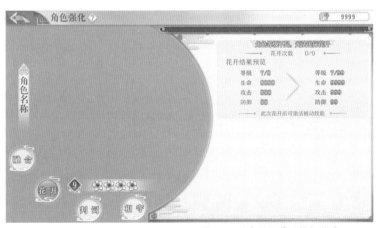

图4-100 游戏强化界面按钮效果

源 文 件	源文件 \ 项目四 \ 任务 2\ 强化界面按钮 .psd、道具图标 .psd
素 材	素 材 \ 项目四 \ 任务 2
主要技术	渐变工具、画笔工具、剪贴蒙版、图层蒙版、形状工具、钢笔工具、横排文字工具、钢笔工具

扫一扫观看演示视频

4.2.2 【任务目标】

知识目标	1. 熟悉游戏强化系统的概念 2. 熟知游戏强化系统的作用 3. 熟知"三面五调"的概念
技能目标	1. 能够完成界面高光和阴影的绘制 2. 能够使用"钢笔工具"绘制路径并描边 3. 能够完成图形渐变效果的制作
素养目标	1. 培养学生的综合创新思维能力 2. 培养学生的知识拓展应用能力

4.2.3 【知识导入】

1. 游戏强化系统的概念

游戏强化系统主要适用于杀手型玩家和成就型玩家，他们在游戏中有强烈的变强的欲望，通过锻炼自身游戏技巧，搜集、提升装备，修炼角色技能等途径增强角色实力。

强化系统可以对游戏中的不同对象，如卡牌、宠物、装备和道具等进行升级，让角色变强，满足杀手型玩家和成就型玩家的心理需求。常用的强化对象有卡牌对象、宠物对象、装备对象和道具对象4种。

● 卡牌对象

卡牌类游戏需要对卡牌进行强化，提升卡牌的等级和星级。等级由低到高分别为N-R-SR-SSR-NR；星级则为高级卡牌的附属属性，通常由5～6星组成。

● 宠物对象

宠物等级一般由星级组成，玩家可以通过升级宠物的道具提升宠物星级，达到强化宠物的目的。

● 装备对象

装备等级通常由颜色组成，等级由低到高分别为白色、绿色、蓝色、紫色和橙色等。装备的颜色不可更改，但可以通过强化增加装备强度。

● 道具对象

道具等级划分同装备对象一样，绝大部分道具不可强化，少数关键道具或战斗类道具可进行有限的强化。强化方法与装备对象类似，也是通过增加道具的强度，通过+1、+2、+3……的方法，适当提高道具的等级。

图4-101所示为相对比较简洁的卡牌人物的强化界面。界面标题为"侠客进化"，通过左右对比，表示左侧"郭靖"角色通过强化，就会变成"郭靖+1"角色。

下面显示的是强化前后的参数选择，最底部为强化消耗的资源。单击"确认进化"按钮，即可完成此轮强化。

图4-101 卡牌人物强化界面

2. "三面五调"的概念

本任务将绘制一个逼真的道具图标，为了帮助读者理解物体的光影关系，先来了解一下绘画中"三面五调"的概念。

物体的形象在光的照射下，会产生明暗变化。光源一般有自然光、阳光和灯光（人造光）3种。由于光的照射角度不同，光源与物体的距离不同，物体的质地不同，物体面的倾斜方向不同，光源的性质不同，以及物体与画者的距离不同等，都将产生明暗色调的不同感觉。

在绘制游戏界面时，掌握物体明暗调子的基本规律非常重要，物体明暗调子的规律可归纳为"三面五调"。

● 三面

三面是指物体在受到光的照射后，呈现出不同的明暗面。受光的一面为亮面，侧受光的一面为灰面，背光的一面为暗面，如图4-102所示。

灰面相当于物体的固有色。亮面是接收光照比较多的地方，所以固有色相对有所提亮。暗面是物体背光的地方，接收光照比较少，固有色相对比较暗。

● 五调

调子是指画面不同明度的黑白层次，是面所反映的光的数量，也就是面的深浅程度。在三大面中，根据受光的强弱不同，还有很多明显的区别，形成了5个调子，如图4-103所示。

灰面是固有色面，比灰面更亮的面被细致地分为亮面和高光面，亮面比固有色稍浅一些，高光面接收的光照最多，光线最充足，其颜色比亮面更浅一些，呈现出一种最亮的颜色。比灰面颜色深一点的面是暗面，暗面接收的光比较少，非常暗。由于暗面右侧的部分接收了一定的反光，其固有色的颜色比暗面稍亮一些，比灰面稍微深一些。

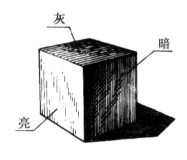

图4-102 物体的"三面"

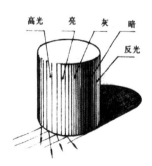

图4-103 物体的"五调"

项目四 设计制作游戏强化界面 **211**

4.2.4 【任务实施】

为了便于读者学习，按照游戏强化界面设计制作流程，由简入繁，将任务划分为绘制返回按钮和帮助按钮、绘制角色名称图标、信息展示区排版设计、绘制强化界面功能按钮、设计制作道具图标5个步骤实施，图4-104所示为步骤内容和主要技能点。

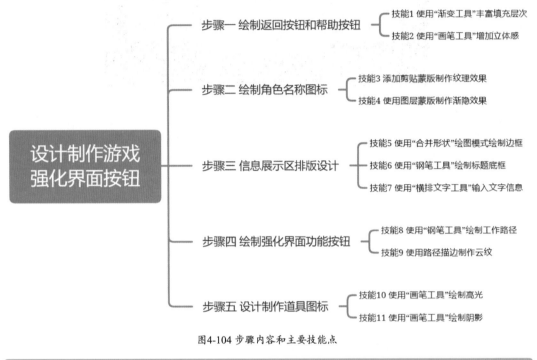

图4-104 步骤内容和主要技能点

步骤一 绘制返回按钮和帮助按钮

`步骤 01` 新建一个名为"草稿2"的图层，使用"画笔工具"细化界面左上角"返回"按钮的草稿，效果如图4-105所示。新建一个名为"1"的图层，按照草稿创建选区并填充从#fdc427到#fae4a6的线性渐变，效果如图4-106所示。

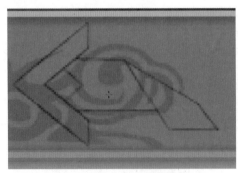

图4-105 绘制"返回"按钮草稿

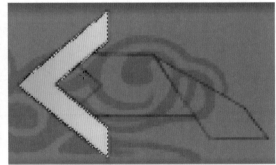

图4-106 绘制箭头像素图形

`步骤 02` 继续使用相同的方法，新建一个名为"3"的图层，，，创建选区并填充渐变，效果如图4-107所示。

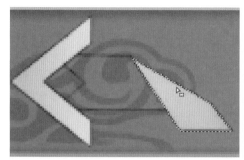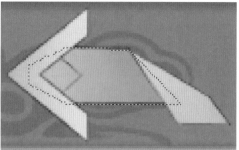

图4-107 创建选区并填充渐变

步骤 03 选中"3"图层，锁定其透明区域，设置前景色为深棕色，使用"画笔工具"绘制阴影，实现折叠感，如图4-108所示。新建一个名为"2"的图层，设置前景色为#b8802b，创建选区并填充前景色，效果如图4-109所示。

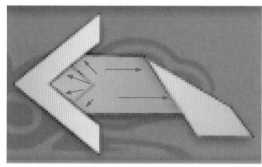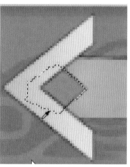

图4-108 绘制阴影效果　　　　　　　　　　图4-109 创建选区并填色

步骤 04 继续使用相同的方法，锁定"2"图层的透明区域，使用"画笔工具"绘制阴影，效果如图4-110所示。新建一个名为"返回按钮"的图层组，将相关图层拖曳到新建的其中并为图层组添加"投影"图层样式，如图4-111所示。

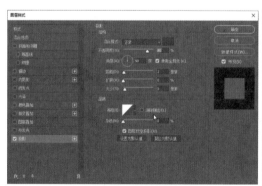

图4-110 绘制阴影　　　　　　　　　图4-111 添加"投影"图层样式

步骤 05 单击"确定"按钮，"返回"按钮的投影效果如图4-112所示。

图4-112 "返回"按钮投影效果

步骤06 选择"草稿"图层,使用"画笔工具"绘制"帮助"按钮的草稿,如图4-113所示。设置填充色为#edf2f8,使用"圆角矩形工具"参考草稿绘制一个圆角矩形并旋转45°,效果如图4-114所示。

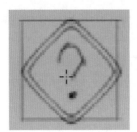 

图4-113 绘制"帮助"按钮草稿　　图4-114 绘制圆角矩形

步骤07 将圆角矩形形状图形复制并缩小,得到另一个圆角矩形,如图4-115所示。修改图形的填充色为"无",为其添加一个"描边"图层样式,设置描边参数,如图4-116所示。

 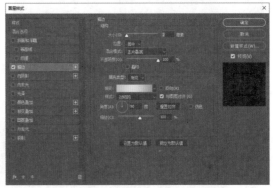

图4-115 复制并缩小图形　　　　图4-116 设置"描边"样式的各项参数

步骤08 单击"确定"按钮,描边效果如图4-117所示。使用"横排文字工具"在画布中单击并输入文字,效果如图4-118所示。

图4-117 描边效果　　　　　　图4-118 输入文字

提示：

为了使界面色调一致，文字的颜色可以吸取左侧"返回"按钮中的颜色。

步骤09 为文字图层添加"投影"图层样式，设置投影样式的各项参数，如图4-119所示。单击"确定"按钮，投影效果如图4-120所示。

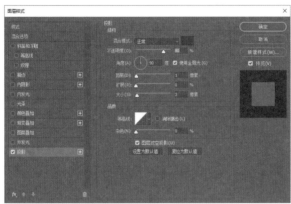

图4-119 设置"投影"样式的各项参数　　　　图4-120 投影效果

步骤10 新建一个名为"帮助按钮"的图层组，将与帮助按钮相关的图层拖曳到新建的图层组中，如图4-121所示。为该图层组添加"投影"样式，参数设置如图4-122所示，效果如图4-123所示。

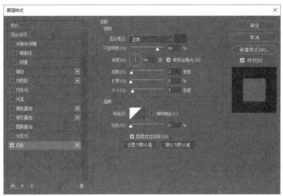

图4-121 新建图层组　　　　图4-122 设置"投影"样式的各项参数　　　　图4-123 投影效果

提示：

在浅灰色背景上，白色按钮比金黄色按钮显得更加协调，不会显得太突兀。同时局部使用金色可以与左侧的返回按钮相呼应。将两个按钮产生关联，形成一个整体。

步骤二 绘制角色名称图标

步骤01 选择"草稿"图层，使用"画笔工具"细化角色名称草稿，如图4-124所示。新建一个名为"底色"的图层，设置前景色为#e5eef5，创建选区并使用前景色填充，效果如图4-125所示。

步骤02 新建一个名为"半透明底框"的图层，创建选区并使用底色填充，修改图层"不透明度"为45%，效果如图4-126所示。"图层"面板如图4-127所示。

图4-124 细化草稿　　图4-125 填充选区　　图4-126 绘制半透明底框　　图4-127 "图层"面板

提示:

角色名称顶部的尖角也是为了呼应顶部状态栏上的"返回"按钮和"帮助"按钮,使整个界面保持相同的风格。

步骤 03 新建一个名为"花纹"的图层,参照草稿绘制花纹线稿,效果如图4-128所示。将花纹选区调出,锁定图层透明区域,为花纹填充从#fcc327到#fae29d的线性渐变,效果如图4-129所示。

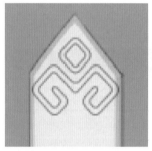
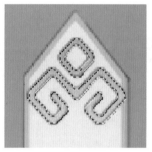

图4-128 绘制花纹线稿　　　　　　　　图4-129 为花纹填色

步骤 04 将"花纹"图层与"底色"图层创建剪贴蒙版,"图层"面板如图4-130所示,效果如图4-131所示。为"花纹"图层添加"投影"图层样式,效果如图4-132所示。

图4-130 创建剪贴蒙版　　　　图4-131 剪贴蒙版效果　　　　图4-132 投影效果

步骤 05 新建一个名为"长条花纹"的图层,使用"矩形选框工具"创建矩形选框并使用#fdd36f颜色填充,效果如图4-133所示。使用"橡皮擦工具"在花纹的上下两侧涂抹,实现两侧渐隐的效果,如图4-134所示。

步骤 06 按住【Alt】键的同时，使用"移动工具"向右拖曳复制，效果如图4-135所示。新建一个名为"底色阴影"的图层并与"底色"图层创建剪贴蒙版，"图层"面板如图4-136所示。

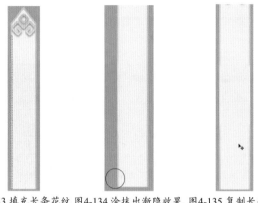

图4-133 填充长条花纹　图4-134 涂抹出渐隐效果　图4-135 复制长条花纹　　　图4-136 "图层"面板

步骤 07 使用"矩形选框工具"创建如图4-137所示的矩形选区。使用#aab9bc颜色在选区内绘制阴影，效果如图4-138所示。使用"直排文字工具"输入文字内容，如图4-139所示。

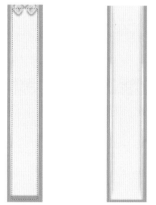
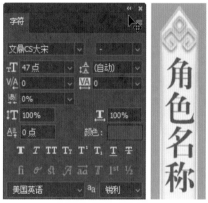

图4-137 创建矩形选区　图4-138 绘制阴影效果　　　　图4-139 输入文字

步骤 08 新建一个名为"角色名称"的图层组，将所有相关图层拖曳到图层组中，并为图层组添加图层蒙版，如图4-140所示。设置前景色为黑色，使用"画笔工具"在蒙版上涂抹，实现渐隐效果，如图4-141所示。

图4-140 新建图层组并创建蒙版　图4-141 渐隐效果

步骤 09 打开"人物等级和星级.psd"文件，将"角色等级"和"角色星级"两个图层组拖曳到界面中，效果如图4-142所示。

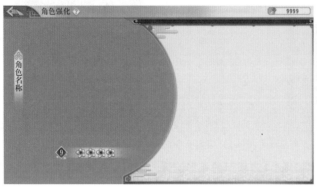

图4-142 拖入两个图层组

步骤三 信息展示区排版设计

步骤 01 选择"草稿"图层，使用"画笔工具"绘制边框线稿，效果如图4-143所示。继续绘制标题栏线稿，效果如图4-144所示。

图4-143 绘制边框线稿　　　　　　　　　　　图4-144 绘制标题栏线稿

步骤 02 使用"圆角矩形"工具，选择"合并形状"绘制模式，绘制两个圆角矩形，效果如图4-145所示。设置填充色为#dce7ef，填充效果如图4-146所示。

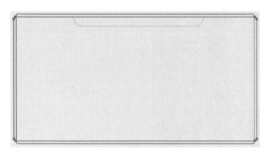

图4-145 合并两个圆角矩形　　　　　　　　　图4-146 填充效果

218　游戏UI设计实训教程

步骤 03 为该图层添加"内发光"图层样式，设置"内发光"样式的各项参数，如图4-147所示。选择左侧的"投影"复选框，设置"投影"样式的各项参数，如图4-148所示。

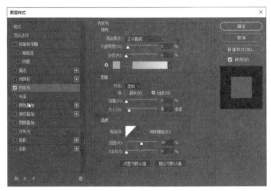 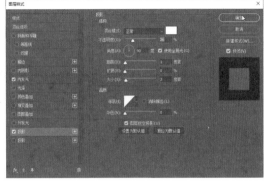

图4-147 设置"内发光"样式的各项参数　　　　　图4-148 设置"投影"样式的各项参数

步骤 04 单击"确定"按钮，效果如图4-149所示。使用"钢笔工具"绘制标题形状图形，如图4-150所示。

图4-149 应用样式效果　　　　　　　　　　图4-150 绘制标题路径

步骤 05 为形状图形添加"渐变叠加"图层样式，设置"渐变叠加"样式的各项参数，如图4-151所示。选择左侧的"内发光"复选框，设置"内发光"样式的各项参数，如图4-152所示。

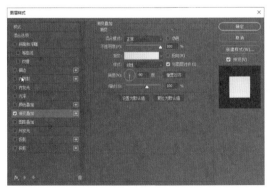 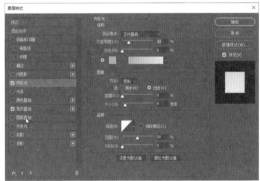

图4-151 设置"渐变叠加"样式的各项参数　　　　图4-152 设置"内发光"样式的各项参数

提示：

　　标题栏比边框更需要引起玩家的注意，因此，应用的样式的参数值相比边框要强一些，要实现更高的透明度、距离和投影。

步骤 06 选择左侧的"投影"复选框，设置"投影"样式的各项参数，如图4-153所示。单击"确定"按钮，为标题栏应用样式后的效果如图4-154所示。

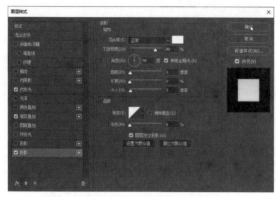

图4-153 设置"投影"样式的各项参数

图4-154 标题栏样式效果

步骤 07 使用"横排文字工具"在标题栏上单击并输入文字内容，效果如图4-155所示。为文字添加"渐变叠加"图层样式，设置"渐变叠加"样式的各项参数，如图4-156所示。

图4-155 输入文字内容

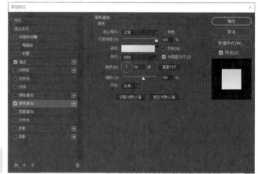

图4-156 设置"渐变叠加"样式的各项参数

步骤 08 选择左侧的"描边"复选框，设置"描边"样式的各项参数，如图4-157所示。单击"确定"按钮，标题文字效果如图4-158所示。

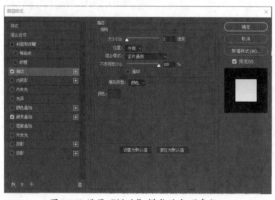

图4-157 设置"描边"样式的各项参数

图4-158 标题文字效果

步骤 09 将素材文件"按钮花纹.png"打开并拖曳到界面中，将其与标题框创建剪贴蒙版，效果如图4-159所示。修改"花纹"图层的"不透明度"为12%，"图层"面板如图4-160所示。

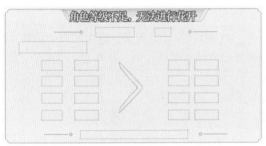

图4-159 使用花纹素材并创建剪贴蒙版

图4-160 "图层"面板

步骤10 新建一个名为"信息展示"的图层组，将相关图层拖曳到新建的图层组中。选择"草稿"图层，使用"画笔工具"绘制信息展示区草稿，如图4-161所示。

步骤11 在"信息展示"图层组中新建一个名为"花纹"的图层，使用"矩形工具"和"橡皮擦工具"绘制如图4-162所示的图形效果。

图4-161 绘制信息展示区草稿

图4-162 绘制图形

步骤12 按住【Alt】键的同时，使用"移动工具"拖曳复制并水平翻转，得到另一个图形效果，如图4-163所示。

图4-163 复制另一侧图形

步骤13 使用"横排文字工具"在画布中单击并输入文字，效果如图4-164所示。继续使用"横排文字工具"输入文字，效果如图4-165所示。

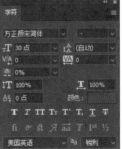

图4-164 输入文字

图4-165 继续输入文字

步骤14 新建一个名为"第一排信息"的图层组，将相关图层拖曳到该图层组中，"图层"面板如图4-166所示。继续使用"横排文字工具"输入文字，效果如图4-167所示。

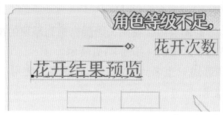
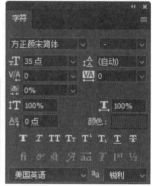

图4-166 "图层"面板　　　　　　　　图4-167 输入第二排文字

步骤15 继续使用"横排文字工具"输入左侧信息，效果如图4-168所示。选中左侧的所有文字图层，按住【Alt】键的同时使用"移动工具"拖曳复制左侧文字到右侧，并修改文字内容，效果如图4-169所示。

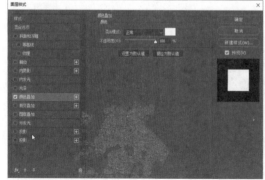
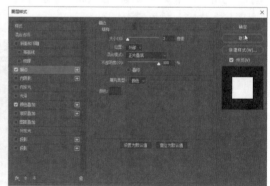

图4-168 输入左侧信息　　　　　　　　图4-169 复制并修改文字内容

步骤16 为文字图层添加"颜色叠加"图层样式，各项参数设置如图4-170所示。选择左侧的"描边"复选框，设置"描边"样式的各项参数，如图4-171所示。

图4-170 设置"颜色叠加"样式的各项参数　　　　图4-171 设置"描边"样式的各项参数

步骤17 单击"确定"按钮，文字效果如图4-172所示。复制并粘贴该文字图层样式到其他3个文字图层中，效果如图4-173所示。

图4-172 文字样式效果　　　　　　　　　　图4-173 复制并粘贴图层样式

步骤18 选中左侧的所有文字图层，按住【Alt】键的同时使用"移动工具"拖曳复制到右侧并修改文字内容，效果如图4-174所示。修改右侧数字图层的"颜色叠加"样式参数，如图4-175所示。

图4-174 拖曳复制并修改文字内容　　　　　　图4-175 修改"颜色叠加"样式参数

提示：

　　一般情况下，玩家只会关心升级后角色的属性值变化，而不会关心原始属性值。可以为右侧升级后的属性值设置不同的颜色，达到玩家翻倍阅读的作用。

步骤19 单击"确定"按钮，文字效果如图4-176所示。继续使用相同的方式修改右侧文字的"颜色叠加"样式颜色并修改文字数值，效果如图4-177所示。

图4-176 修改颜色文字效果　　　　　　图4-177 修改其他文字效果

步骤20 参考草稿创建选区，使用#f2ee93颜色填充选区，如图4-178所示。取消选区后使用"橡皮擦工具"擦拭图形的两端，获得渐变效果，如图4-179所示。

步骤21 在大于符号图层下方新建一个名为"阴影"的图层，如图4-180所示。设置"前景色"为#afaf95，使用"画笔工具"在大于符号右侧绘制阴影，效果如图4-181所示。

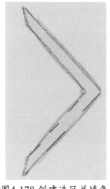 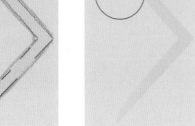  

图4-178 创建选区并填色　　　图4-179 擦拭获得渐变效果　　　图4-180 新建图层　　　图4-181 绘制阴影效果

步骤22 新建一个图层组，用于放置大于符号图层和阴影图层，如图4-182所示。新建一个名为"第三批信息"的图层组，将所有相关图层和图层组拖曳到新建的图层组中，"图层"面板如图4-183所示。

图4-182 新建图层组　　　　　图4-183 整理图层

步骤23 复制顶部的花纹并输入文字内容，制作底部信息，效果如图4-184所示。修改花纹颜色和文本颜色为深灰色，效果如图4-185所示。

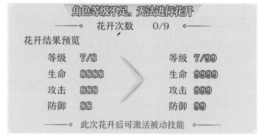

图4-184 制作底部信息　　　　　图4-185 修改底部信息颜色

步骤24 新建一个名为"信息展示"的图层组，将所有相关图层和图层组拖曳到新建的图层组中，

"图层"面板如图4-186所示。完成后的信息展示界面效果如图4-187所示。

图4-186 整理图层

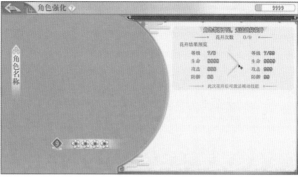
图4-187 信息展示界面效果

小技巧：

在制作游戏界面信息部分时，最重要的就是排版与对齐。要按照不同种类的内容进行分行展示。每一行除了要与底框居中对齐，每一行中的元素也都要水平。

提示：

在设置信息展示颜色时，要根据每一列属性的不同设置颜色。相邻的列尽量设置不同的颜色，以方便玩家区分与阅读。同时，重要的信息要使用特殊的颜色予以突出显示。

步骤四 绘制强化界面功能按钮

步骤 01 使用"椭圆工具"绘制4个同心圆工作路径，如图4-188所示。新建一个名为"草稿3"的图层，如图4-189所示。

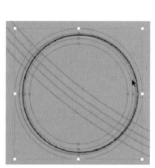
图4-188 绘制4个工作路径

图4-189 新建图层

步骤 02 单击"路径"面板底部的"用画笔描边路径"按钮，路径描边效果如图4-190所示。使用"画笔工具"绘制云纹草稿，效果如图4-191所示。使用"画笔工具"将按钮文字的轮廓绘制出来，效果如图4-192所示。

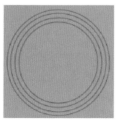
图4-190 路径描边效果

图4-191 绘制云纹草稿

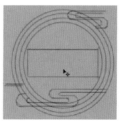
图4-192 绘制按钮文字轮廓

步骤 03 使用"路径选择工具"选择中间的两段路径，如图4-193所示。在选项栏中选择"排除重叠形状"模式，按【Ctrl+Enter】组合键将其转为选区，如图4-194所示。

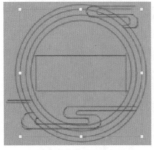 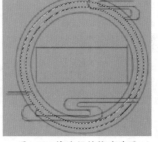

图4-193 选择路径　　　　　图4-194 将路径转换为选区

步骤 04 新建一个名为"按钮边框"的图层，使用#c1ad6e填充选区，效果如图4-195所示。取消选区并锁定图层透明区域，使用"画笔工具"为圆形两侧绘制金属光泽，效果如图4-196所示。

步骤 05 为图层添加"外发光"图层样式，设置"外发光"样式的各项参数，如图4-197所示。

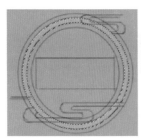 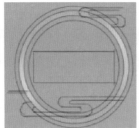 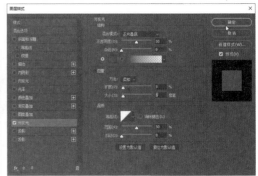

图4-195 填充选区　　　　图4-196 绘制金属光泽　　　　图4-197 设置"外发光"样式的各项参数

步骤 06 单击"确定"按钮，图形外发光效果如图4-198所示。使用"路径选择工具"选中第3个路径并将其转换为选区，如图4-199所示。

步骤 07 按【Shift+Ctrl+I】组合键反选选区，执行"选择"→"修改"→"扩展"命令，在弹出的"扩展选区"对话框中设置各项参数，如图4-200所示。单击"确定"按钮，将选区向外扩展两个像素。

图4-198 外发光效果　　　　图4-199 将路径转换为选区　　　　图4-200 设置"扩展量"参数

步骤 08 新建一个名为"按钮底色"的图层，使用#588fdf填充选区，效果如图4-201所示。取消选区并锁定透明像素，使用柔和的笔刷提亮按钮底部，效果如图4-202所示。为图层添加"内阴影"图层样式，设置"内阴影"样式的各项参数，如图4-203所示。

图4-201 填充选区

图4-202 提亮按钮底部

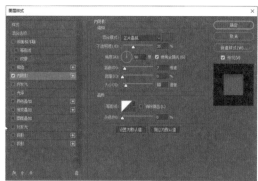

图4-203 设置"内阴影"样式的各项参数

步骤 09 单击"确定"按钮,内阴影样式效果如图4-204所示。使用"路径选择工具"选中最内侧路径并将其转换为选区,如图4-205所示。按【Shift+Ctrl+I】组合键反选选区。

图4-204 内阴影样式效果

图4-205 选择路径并转换为选区

步骤 10 新建一个名为"白边"的图层,并将其与"按钮底色"图层创建剪贴蒙版,"图层"面板如图4-206所示。为"白边"图层填充白色,效果如图4-207所示。

步骤 11 设置"前景色"为# 3966ab,使用"画笔工具"绘制阴影,效果如图4-208所示。按【Shift+Ctrl+I】组合键反选选区,执行"选择"→"变换选区"命令,缩小选区大小,如图4-209所示。

图4-206 创建剪贴蒙版

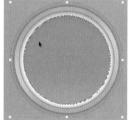

图4-207 填充白色

图4-208 绘制阴影

图4-209 变换选区

步骤 12 新建一个名为"按钮高光"的图层,为选区填充从白色到透明的线性渐变,效果如图4-210所示。使用"路径选择工具"选中最外侧路径并将其转换为选区,新建一个名为"半透明白边"的图层,使用白色填充选区并修改图层"不透明度"为40%,效果如图4-211所示。

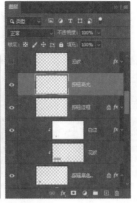

图4-210 填充渐变效果   图4-211 半透明白边效果

步骤 13 将素材文件"按钮花纹.png"打开并拖曳到界面中，将其与"按钮底色"图层创建剪贴蒙版，修改图层混合模式为"叠加"，图层"不透明度"为9%，效果如图4-212所示。参考草稿创建云纹选区并填充白色，使用"橡皮擦工具"制作渐隐效果，如图4-213所示。

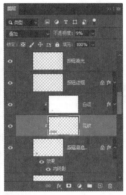

图4-212 使用图片素材并修改参数   图4-213 绘制云纹

步骤 14 使用"横排文字工具"在画布中输入文字，如图4-214所示。为文字图层添加"描边"图层样式，设置"描边"样式的各项参数，如图4-215所示。

图4-214 输入文字   图4-215 设置"描边"样式的各项参数

步骤 15 单击"确定"按钮，文字描边效果如图4-216所示。新建一个名为"花开"的图层组，将相关图层拖曳到新建的图层组中，"图层"面板如图4-217所示。

图4-216 文字描边效果　　　　　图4-217 "图层"面板

步骤 16 使用相同的方法，完成其他3个按钮的制作，效果如图4-218所示。

图4-218 其他3个按钮的效果

步骤五 设计制作道具图标

步骤 01 新建一个500×500像素的文档，设置"新建文档"对话框中的参数，如图4-219所示。单击"创建"按钮，使用#9d9d9d填充画布，界面效果如图4-220所示。

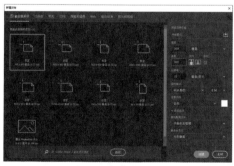

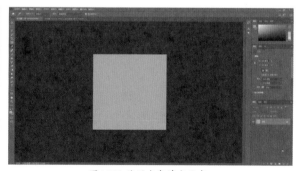

图4-219 新建文档　　　　　　　　　　图4-220 使用灰色填充画布

步骤 02 新建一个名为"轮廓稿"的图层，选择"柔边圆压力不透明度"笔刷，设置大小为2像素，不透明度为20%，使用"画笔工具"绘制道具图标的轮廓，效果如图4-221所示。

步骤 03 新建一个名为"草稿"的图层，参考轮廓稿，继续使用"画笔工具"细致绘制道具图标的草稿，效果如图4-222所示。

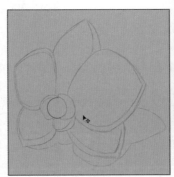

图4-221 绘制道具图标轮廓　　　　　　　图4-222 绘制道具图标的草稿

步骤04 新建一个名为"线稿"的图层，参考草稿，继续使用"画笔工具"细致绘制道具图标的线稿，效果如图4-223所示。按照图标的结构新建多个图层，用于绘制不同的对象，"图层"面板如图4-224所示。

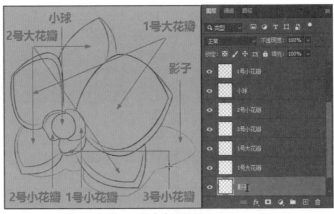

图4-223 继续绘制道具图标的线稿　　　　　　　图4-224 新建多个图层

步骤05 选择"1号小花瓣"图层，设置"前景色"为#be5ae2，创建选区并使用前景色填充，效果如图4-225所示。选择"小球"图层，设置"前景色"为#1934c3，创建选区并使用"前景色"填充，效果如图4-226所示。

步骤06 选择"2号小花瓣"图层，设置前景色为#b464de，创建选区并使用前景色填充，效果如图4-227所示。

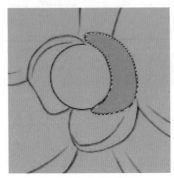
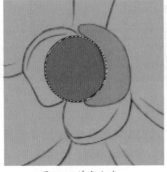
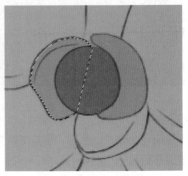

图4-225 填充1号小花瓣　　　　图4-226 填充小球　　　　图4-227 填充2号小花瓣

步骤 07 选择"3号小花瓣"图层，设置前景色为#b248d7，创建选区并使用前景色填充，效果如图4-228所示。选择"1号大花瓣"图层，设置前景色为#bf72e9，创建选区并使用前景色填充，效果如图4-229所示。

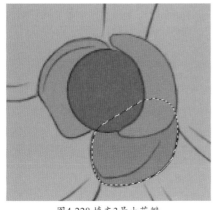

图4-228 填充3号小花瓣

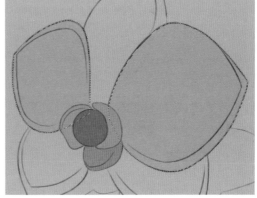

图4-229 填充1号大花瓣

步骤 08 选择"2号大花瓣"图层，设置前景色为#be61e4，创建选区并使用前景色填充，效果如图4-230所示。修改"前景色"为#c64fe7，创建选区并使用前景色填充，效果如图4-231所示。

步骤 09 修改"前景色"为#be32ed，创建选区并使用前景色填充，效果如图4-232所示。

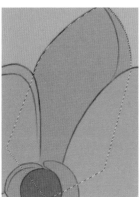
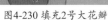

图4-230 填充2号大花瓣

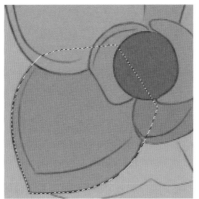

图4-231 填充左下大花瓣

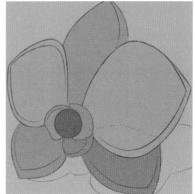

图4-232 填充右下大花瓣

步骤 10 选择"影子"图层，选择"柔边圆压力不透明度"笔刷，使用"画笔工具"绘制边缘柔和的阴影，效果如图4-233所示。修改"影子"图层的不透明度为30%，效果如图4-234所示。

图4-233 绘制柔和阴影　　　　　　　　图4-234 修改图层不透明度

提示：

　　隐藏"线稿"图层，观察绘制效果，检查花瓣形状、层次和上下堆叠是否正确。

步骤 11 锁定除"影子"图层外所有图层的透明像素，"图层"面板如图4-235所示。隐藏"线稿"图层，选择"1号小花瓣"图层，使用"画笔工具"绘制初步光影，效果如图4-236所示。

步骤 12 选择"小球"图层，绘制小球的初步光影，效果如图4-237所示。选择"2号小花瓣"图层，绘制2号小花瓣的初步光影，效果如图4-238所示。

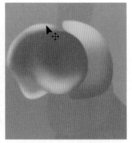

图4-235 锁定图层　　图4-236 绘制1号小花瓣光影　　图4-237 绘制小球光影　　图4-238 2号小花瓣光影

提示：

　　考虑到光照情况，花瓣正面的颜色会浅一些，侧面的颜色会深一些。花瓣靠近光源的位置颜色要浅一些，远离光源的位置颜色要深一些。上层的花瓣颜色比较干净、纯粹，下层的花瓣会被其他花瓣遮挡，要考虑阴影问题。

步骤 13 选择"3号小花瓣"图层，绘制3号小花瓣的初步光影，效果如图4-239所示。选择"1号大花瓣"图层，绘制1号大花瓣的初步光影，效果如图4-240所示。

图4-239 绘制3号小花瓣光影

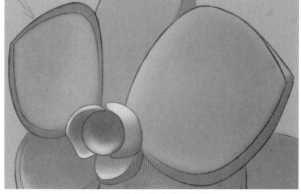
图4-240 绘制1号大花瓣光影

步骤14 选择"2号大花瓣"图层，绘制2号大花瓣的初步光影，效果如图4-241所示。将"线稿"图层显示出来，选择"1号小花瓣"图层，继续使用"画笔工具"绘制精细光影，效果如图4-242所示。

图4-241 绘制2号大花瓣光影

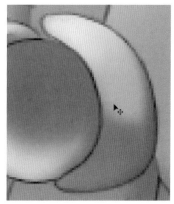
图4-242 绘制1号小花瓣精细光影

步骤15 选择"小球"图层，继续使用"画笔工具"绘制精细光影，效果如图4-243所示。选择"2号小花瓣"图层，继续使用"画笔工具"绘制精细光影，效果如图4-244所示。选择"3号小花瓣"图层，继续使用"画笔工具"绘制精细光影，效果如图4-245所示。

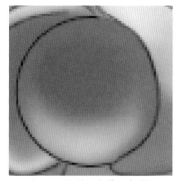
图4-243 绘制小球精细光影

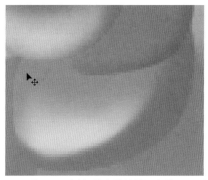
图4-244 绘制2号小花瓣精细光影

图4-245 绘制3号小花瓣精细光影

步骤16 选择"1号大花瓣"图层，继续使用"画笔工具"绘制精细光影，加强画板的凹陷效果，效果如图4-246所示。选择"2号大花瓣"图层，使用"画笔工具"绘制精细光影，加深阴影和亮面，效果如图4-247所示。

图4-246 绘制1号大花瓣精细光影　　　　　图4-247 绘制2号大花瓣精细光影

步骤 17 在"1号小花瓣"图层上方新建一个名为"高光"的图层，并与"1号小花瓣"图层创建剪贴蒙版，"图层"面板如图4-248所示。设置"前景色"为#fff8f8，使用"画笔工具"在"高光"图层上绘制1号小花瓣的高光，效果如图4-249所示。

图4-248 新建图层并创建剪贴蒙版　　　　图4-249 绘制1号小花瓣高光

提示：

水晶颜色的饱和度一般比较高，且水晶阴影区的明度也比较低，同时，水晶质感具有高反光的特性，当光线照射到水晶上时，水晶会产生近似白色的反光效果。

小技巧：

为了避免绘制高光时影响图形的光影效果，建议在每一个固有色图层上方新建一个单独的图层，专门用来绘制光影效果。

步骤 18 在"小球"图层上方新建一个名为"高光"的图层并创建剪贴蒙版，使用"画笔工具"绘制小球的高光，效果如图4-250所示。使用相同的方法，绘制2号小花瓣和3号小花瓣的高光，效果如图4-251所示。

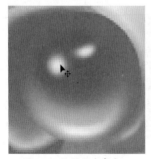

图4-250 绘制小球高光　　　　　图4-251 2号小花瓣和3号小花瓣高光效果

步骤19 在"1号大花瓣"图层上方新建一个名为"高光"的图层并创建剪贴蒙版，使用"画笔工具"绘制高光，效果如图4-252所示。使用相同的方法，绘制2号大花瓣的高光，效果如图4-253所示。

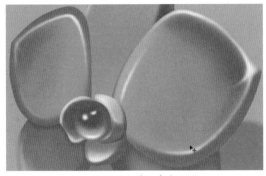

图4-252 1号大花瓣高光效果　　　　　　图4-253 2号大花瓣高光效果

步骤20 在"1号大花瓣"图层上方新建一个名为"高光2"的图层并与"1号大花瓣"图层创建剪贴蒙版，用来绘制第二层高光，"图层"面板如图4-254所示。使用"画笔工具"在"高光2"图层上绘制第二层高光，效果如图4-255所示。

图4-254 "图层"面板　　　图4-255 1号大花瓣第二层高光效果

提示：

　　第二层高光有点类似水波纹的效果。读者在绘制时如果不能准确绘制，可以在因特网上搜索"水波纹"素材，参考搜索到的图片素材进行绘制。

步骤21 使用相同的方法在"2号大花瓣"图层上新建"高光2"图层并创建剪贴蒙版，"图层"面板如图4-256所示。使用"画笔工具"在"高光2"图层上绘制第二层高光，效果如图4-257所示。

图4-256 新建图层并创建剪贴蒙版　　　图4-257 2号大花瓣第二层高光效果

步骤22 选中"1号大花瓣"图层，使用"吸管工具"吸取花瓣上的阴影色，使用"画笔工具"沿着水波纹绘制第二层高光的阴影，如图4-258所示。使用相同的方法，在左侧花瓣上绘制阴影，效果如图4-259所示。

 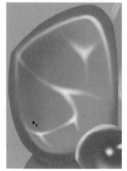

图4-258 绘制第二层高光的阴影　　图4-259 绘制左侧第二层高光的阴影

步骤23 继续使用相同的方法，为2号大花瓣绘制阴影，完成效果如图4-260所示。

  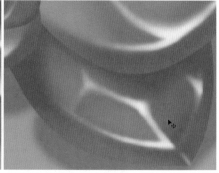

图4-260 绘制2号大花瓣第二层高光阴影

步骤24 在所有图层的上方新建一个名为"闪光"的图层，"图层"面板如图4-261所示。使用"吸管工具"吸取水波纹中的浅紫色，选择圆形笔刷，使用"画笔工具"绘制大小不一的闪光点，效果如图4-262所示。

图4-261 新建图层　　　　　图4-262 绘制闪光点

步骤25 在"闪光"图层下方新建一个名为"光晕"的图层，使用"画笔工具"绘制淡紫色的若有若无的光晕，效果如图4-263所示。在"3号小花瓣"图层上方新建一个名为"反光"的图层并创建剪贴蒙版，如图4-264所示。

图4-263 绘制紫色光晕 　　　　　图4-264 新建图层并创建剪贴蒙版

步骤|26 使用"吸管工具"吸取较浅的紫色，使用"画笔工具"在小花瓣右下角绘制反光效果，如图4-265所示。在"1号大花瓣"图层上新建一个名为"反光"的图层并创建剪贴蒙版，使用"画笔工具"绘制反光，效果如图4-266所示。

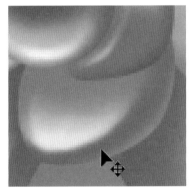

图4-265 绘制反光效果 　　　　　图4-266 1号大花瓣反光效果

步骤|27 继续使用"画笔工具"在左侧花瓣的左下角绘制反光，效果如图4-267所示。使用相同的方法，为2号大花瓣绘制反光，效果如图4-268所示。

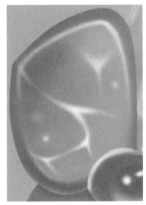
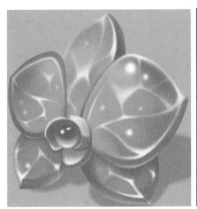

图4-267 绘制左侧花瓣反光 　　　　　图4-268 2号大花瓣反光效果

步骤|28 选择"影子"图层，使用"橡皮擦工具"在影子右侧涂抹，制作影子渐隐效果，如图4-269所示。执行"文件"→"存储"命令，将文件存储为"道具图标.psd"，如图4-270所示。

图4-269 制作影子渐隐效果　　　　　　　　图4-270 保存文件

步骤 29 将"背景"图层、"线稿"图层、"草稿"图层和"轮廓图"图层隐藏，效果如图4-271所示。按【Shift+Ctrl+Alt+E】组合键盖印图层，"图层"面板如图4-272所示。

步骤 30 按【Ctrl+C】组合键复制图层，再按【Ctrl+N】组合键新建文档，按【Enter】确认后再按【Ctrl+V】组合键粘贴复制的内容，将"背景"图层隐藏，效果如图4-273所示。

图4-271 隐藏图层　　　　　图4-272 盖印图层　　　　　图4-273 复制到新文件

步骤 31 执行"文件"→"存储为"命令，将文件存储为"道具图标.png"文件，将图标存储为透底的PNG格式文件，如图4-274所示。

道具图标.png　　　　　　道具图标.psd

图4-274 存储为PNG格式文件

4.2.5 【任务考核与评价】

本任务使用Photoshop完成游戏强化界面中按钮的设计制作，为了帮助读者理解设计制作游戏强化界面按钮的方法和技巧，完成本任务的学习后，需要对读者的学习效果进行评价。

- 评价点
- 花瓣上下堆叠关系是否正确。
- 花瓣颜色与层次是否正确。
- 花瓣上高光棱角效果是否流畅、自然、层次清晰。
- 光影效果、光点效果大小是否合适，位置是否合适。
- 反光的颜色是否协调，位置是否合适。
- 阴影的浓淡是否合适，过渡是否自然。

- 评价表

评价表如表4-3所示。

表 4-3 评价表

任务名称	设计制作游戏强化界面按钮	组别		教师评价	（签名）	专家评价	（签名）
类别		评 分 标 准					得分
知识	完全理解游戏强化系统的概念，常见的游戏强化对象，以及"三面五调"在界面绘制中的作用，并能灵活运用			15~20			
	基本理解游戏强化系统的概念，常见游戏强化对象，以及"三面五调"在界面绘制中的作用			10~14			
	未能完全理解游戏强化系统的概念，常见的游戏强化对象，以及"三面五调"在界面绘制中的作用			0~9			
技能	高度完成设计制作游戏强化界面按钮，完整度高，设计制作精美，具有商业价值			40~50			
	基本完成设计制作游戏强化界面按钮，完整度尚可，设计制作美观，符合大众审美			20~39			
	未能完成完整的设计制作游戏强化界面按钮，设计制作不合理，作品仍需完善，需要加强练习			0~19			
素养	能够独立阅读，并准确画出学习重点，在团队合作过程中能主动发表自己的观点，能够虚心向他人学习并听取他人的意见及建议，工作结束后主动将工位整理干净			20~30			
	学习态度端正，在团队合作中能够配合其他成员共同完成学习任务，工作结束后能够将工位整理干净			10~19			
	不能够主动学习，学习态度不端正，不能完成既定任务			0~9			
总分				100			

4.2.6 【任务拓展】

完成本任务所有内容后，读者尝试设计如图4-275所示的游戏强化界面按钮。绘制过程中要使界面中的图标与按钮的光影保持一致。

图4-275 游戏强化界面功能按钮

4.3 游戏强化界面资源整合

4.3.1 【任务描述】

本任务将完成游戏强化界面资源整合操作，按照实际工作流程分为整合道具图标和资源图标、整合背景图和角色立绘两个步骤，游戏强化界面资源整合效果如图4-276所示。

图4-276 游戏强化界面资源整合效果

源文件	源文件\项目四\任务 3\游戏强化界面 .psd
素 材	素 材\项目四\任务 3
主要技术	钢笔工具、路径操作、形状工具、置入图片、路径选择工具、横排文字工具、图层组、拷贝 / 粘贴图层

扫一扫观看演示视频

4.3.2 【任务目标】

知识目标	1. 熟悉游戏强化界面的设计规范 2. 熟记游戏界面的设计要点 3. 熟知业内字体颜色的设计规则
技能目标	1. 能够运用直接选择工具调整形状 2. 能够使用对齐操作对齐元素 3. 能够使用路径操作模式制作图形
素养目标	1. 帮助学生树立团队合作的意识 2. 积极弘扬中华美育精神，引导学生自觉传承中华优秀传统艺术，振兴国风游戏

4.3.3 【知识导入】

1. 游戏强化界面设计规范

● 游戏强化界面的内容规范

游戏强化界面内容包括强化对象展示、强化前后对比和强化选项3部分。

强化对象展示

用高清大图展示需要强化的对象，尤其是卡牌对象，需要展示精美的角色立绘或模型，让玩家对强化成果充满期待。其他如宠物、道具或装备的强化展示不需要太夸张，但是也要展示状态或者宠物的大图，让玩家对强化成果充满期待。

强化前后对比

玩家一定想看到一件普通的道具经过强化后脱胎换骨，变得非常强大的效果。所以强化对比是玩家最为关心的内容，需要用较为明显的数字展示强化前后的各个参数，增加玩家强化对象后的成就感。

强化选项

在展示了强化形象，预览了强化前后对比之后，玩家如果对强化感兴趣，就会实施强化行为，因此需要为玩家提供强化所需的资源提示和强化按钮。如果强化资源足够，强化按钮为可点击状态，可以通过按钮的抖动、缩放或者增加一些强调的粒子效果，让玩家对按钮产生兴趣。如果强化资源不足，则用红色的文字提示，并将强化按钮切换为一种灰色的不可用状态。

图4-277所示为一个比较精美的道具强化界面，采用左右结构的版式，左侧为道具选择区域，右侧采用典型的上下布局方式，由上向下依次为道具形象展示、道具强化前后参数对比、强化所需资源展示和两个强化按钮。

图4-277 道具强化界面

- **游戏强化界面的布局规范**

强化界面最常见的布局方式有左右布局和上下布局两种。

左右布局

卡片强化界面通常采用左右布局方式。左侧为人物立绘展示，右侧为强化说明和强化参数对比。这种布局方式具备从左到右、从上到下的清晰的阅读方向。

图4-278所示为一款卡牌类游戏非常典型的强化界面。左侧展示了一个非常清晰、漂亮、可爱的卡通形象，右侧为属性预览。左侧用紫色文字和绿色文字表示强化后各个属性的变化。玩家可以通过左右数字的对比，了解属性变强后的数值。

界面下部显示升星需要消耗的资源，当碎片为0时，不允许升星。当碎片为20时，玩家可以通过单击"升星"按钮，将等级为A、名为太白金星的角色升一颗星。逐步将其变成1星、2星、3星等较强的游戏角色。

图4-278 卡牌类游戏强化界面

上下布局

上下布局方式通常应用在宠物、装备或道具等形象比较小的强化界面中，上方用来展示形象，下方用来展示强化对比。这种布局方式条理清晰，能够对强化参数进行详细的展示，方便玩家阅读和理解。

图4-279所示为典型的装备强化界面，左侧用来展示装备的形象及选择装备。选择一个装备后，界面右侧上方显示清晰的装备图片和装备的强化对比。使用白色表示原数值，使用绿色表示强化后的数值，强化效果一目了然。

右侧下方用来展示强化资源。玩家可以通过了解消耗材料、消耗金币和拥有金币的数值，清晰地了解自己是否能够进行强化操作。界面最底部为玩家提供了"一键强化"和"强化"两个按钮，以满足不同玩家的强化需求。

图4-279 装备强化界面

2. 游戏界面设计的要点总结

● 文字简洁明了，方便玩家阅读

在游戏界面的设计中，文字信息是非常重要的。很多界面如果去掉了文字，可能会让玩家不知所云，多余的文字给人的感觉只会是空洞、抽象，如果在游戏界面中有太多文字，玩游戏就像读书一样，简直太累了。

● 整体配色要稳定，避免视觉疲劳

配色的"黄金比率"是指：主色调占60%，辅色占30%，点缀色占10%。但是具体到游戏界面，黄金比率还不是最重要的，还有一个很关键的因素，即偏亮偏纯的颜色一般集中在面积较小的区域，偏灰偏暗的颜色才是画面中最主要的，也就是"三分纯七分灰"。

可以理解成界面整体是大面积的暗色，只在视觉中心部位有一些偏纯偏亮的色彩，这样给玩家的感觉就不会过于花哨。

● 视觉引导要合理、自然，清晰

在游戏界面设计中，需要让关键位置有明暗和色彩的强烈对比，这样才能让玩家第一时间就能看到，而不要把界面的设计当成"捉迷藏"。

● 风格上保持一致，避免突兀

如果游戏界面风格是现代的，那么整体的元素选取也要是现代的元素。风格高度一致的界面才会避免"违和感"。

4.3.4 【任务实施】

为了便于读者学习，按照游戏强化界面资源整合设计流程，由简入繁，将任务划分为整合道具图标和资源图标、整合背景图和角色立绘两个步骤实施，图4-280所示为步骤内容和主要技能点。

```
                                          ┌─ 技能1 将素材转换为智能对象
                                          ├─ 技能2 使用直接选择工具调整图形形状
                步骤一 整合道具图标和资源图标 ─┼─ 技能3 使用对齐操作对齐界面中的元素
                                          ├─ 技能4 使用画笔工具绘制光影效果
  游戏强化界面                               └─ 技能5 将外部素材文件合并到界面
  资源整合
                                          ┌─ 技能6 使用图层样式制作按钮立体效果
                步骤二 整合背景图和角色立绘 ──┼─ 技能7 使用路径操作模式制作环形形状
                                          ├─ 技能8 将工作路径转换为选区
                                          └─ 技能9 使用橡皮擦工具制作渐隐效果
```

图4-280 步骤内容和主要技能点

步骤 01 打开角色强化界面，效果如图4-281所示。将"草稿"图层显示出来，将"道具图标.png"文件和"资源图标.png"从文件夹中拖曳到界面中，如图4-282所示位置。

图4-281 打开素材图像

图4-282 置入图标文件

提示：

　　从文件夹中拖入的图片将自动转换为智能对象。从Photoshop内拖入的图片，可以通过单击鼠标右键，在弹出的快捷菜单中选择"转换为智能对象"命令，将图片转换为智能对象。

步骤 02 选择"资源图标"图层，按【Ctrl+T】组合键，自由变换图标并拖曳调整到如图4-283所示的位置。为该图层添加"投影"图层样式，设置"投影"样式的各项参数，如图4-284所示。

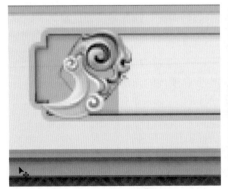

图4-283 缩放调整图标位置

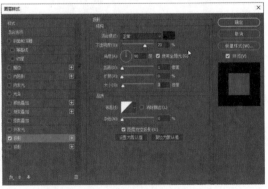

图4-284 设置"投影"样式的各项参数

步骤 03 单击"确定"按钮,投影效果如图4-285所示。将"资源图标"图层拖曳到"资源展示"图层组中,"图层"面板如图4-286所示。

图4-285 投影效果　　　　图4-286 "图层"面板

步骤 04 选中角色参数框图层,按【Ctrl+J】组合键复制图层并向下移动到如图4-287所示的位置。参考草稿,使用"直接选择工具"拖曳选中底部锚点后向上拖曳调整,效果如图4-288所示。

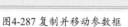

图4-287 复制并移动参数框　　　　图4-288 调整参数框的高度

步骤 05 参考草稿,使用"横排文字工具"输入标题文字,如图4-289所示。调出顶部"花开结果预览"文字图层的选区,按住【Ctrl】键的同时单击"花开所需材料"图层,再单击选项栏中的左对齐图标,效果如图4-290所示。

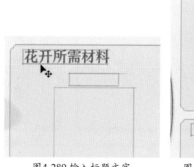

图4-289 输入标题文字　　　　图4-290 对齐标题文字

提示:
标题文字的位置要与顶部角色等级标题左对齐,以确保整个界面元素的整齐、统一。

步骤 06 使用"横排文字工具"输入道具名称，如图4-291所示。选中道具图标，按【Ctrl+T】组合键，自由变换图标并拖曳调整到如图4-292所示的位置。

图4-291 输入道具名称

图4-292 缩小并调整图标位置

步骤 07 使用"圆角矩形工具"参考草稿绘制一个圆角矩形，调整其图层到"道具图标"图层下方，如图4-293所示。为图层添加"描边"图层样式，设置"描边"样式的各项参数，如图4-294所示。单击"确定"按钮，描边效果如图4-295所示。

图4-293 绘制圆角矩形

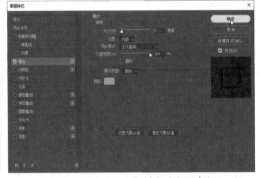

图4-294 设置"描边"样式的各项参数

图4-295 描边效果

步骤 08 新建一个名为"花边"的图层，使用"画笔工具"绘制如图4-296所示的图案。复制花纹并翻转，移动到如图4-297所示的位置。将花边图层与圆角矩形图层合并，吸取描边的颜色，按【Shift+Alt+Backspace】组合键填充图层，统一图层颜色，如图4-298所示。

图4-296 绘制装饰花纹

图4-297 复制花纹并翻转

图4-298 统一图层颜色

步骤 09 新建一个名为"高光"的图层，并与"花边"图层创建剪贴蒙版，如图4-299所示。吸取界面中的浅金色，使用"画笔工具"在边框两侧绘制高光效果，如图4-300所示。将"资源图标"的投影样式复制粘贴到"花边"图层中，效果如图4-301所示。

图4-299 新建图层并创建剪贴蒙版　　　　图4-300 绘制高光效果　　　　图4-301 复制粘贴图层样式

步骤10 在"花边"图层下方新建一个名称为"底框"的图层，使用"多边形套索工具"创建如图4-302所示的选区。使用"渐变工具"为选区填充从#798da4到#becedf的线性渐变，效果如图4-303所示。

图4-302 创建选区　　　　　　　　图4-303 填充线性渐变

步骤11 选择"顶部花纹"图层组中的一个花纹图层，按【Ctrl+J】组合键复制图层，拖曳复制后的图层到道具图标"花边"图层下方，并与"底框"图层创建剪贴蒙版，效果如图4-304所示。修改图层混合模式为"浅色"，效果如图4-305所示。

图4-304 复制花纹并创建剪贴蒙版　　　　图4-305 修改图层混合模式后的效果

步骤12 为"花纹"图层添加图层蒙版，设置"前景色"为黑色，使用柔软的笔刷在蒙版上涂抹，制作过渡自然的底纹效果，如图4-306所示。自由变换花纹大小，效果如图4-307所示。

图4-306 图层蒙版效果　　　　　　　　　　　　图4-307 调整花纹大小

步骤 13 新建一个名为"道具图标"的图层组，将所有相关图层拖曳到新建的图层组中，"图层"面板如图4-308所示。使用"横排文字工具"输入文字内容并对齐，效果如图4-309所示。参考顶部文字，设置文字颜色并添加"描边"图层样式，效果如图4-310所示。

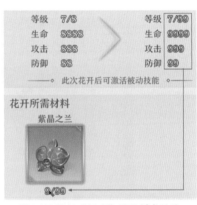

图4-308 "图层"面板　　　图4-309 输入文字内容　　　图4-310 添加"描边"图层样式效果

步骤 14 修改左侧文字颜色为红色，以起到警示作用，如图4-311所示。新建一个名为"紫晶之兰"的图层组，将相关图层拖曳到新建的图层组中，"图层"面板如图4-312所示。

图4-311 修改文字颜色　　　图4-312 "图层"面板

提示：
　　游戏中对于资源文字有约定成俗的规定。当资源数量没有达到要求数量时，文字通常为红色。当资源数量达到要求数量时，文字通常为绿色。

步骤15 按住【Alt】键的同时使用"移动工具"将"紫晶芝兰"图层组复制到右侧，修改文字内容和图片，效果如图4-313所示。

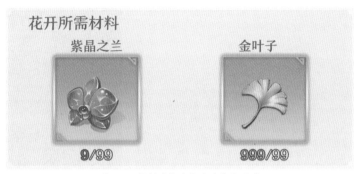

图4-313 复制并修改文字内容和图片

提示：

对齐时要注意两个图标的位置关系，水平方向上要对齐到底框的中心；垂直方向对齐时，要参考左侧图标的位置。要让两个图标在视觉上处于同一水平线。

步骤16 新建一个名为"道具展示"的图层组，将所有相关图层拖曳到新建的图层组中，"图层"面板如图4-314所示。使用"横排文字工具"输入文字内容并复制界面顶部资源图标，效果如图4-315所示。

步骤17 将3个图层放置在一个名为"消耗资源"的图层组中，"图层"面板如图4-316所示。

图4-314 新建图层组　　　　图4-315 输入文字并复制图标　　　　图4-316 "图层"面板

步骤18 执行"文件"→"打开"命令，将"按钮文件.psd"文件打开，效果如图4-317所示。修改"黄色按钮"的文字，如图4-318所示。

图4-317 打开素材文件　　　　　　　　图4-318 修改按钮文字

步骤 **19** 将"黄色按钮"图层组拖曳到强化界面中如图4-319所示的位置。在"图层"面板中修改图层组的名称为"花开",如图4-320所示。

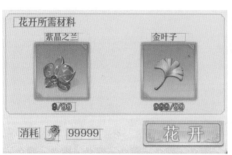

图4-319 拖曳黄色按钮到强化界面中　　　　图4-320 修改图层组名称

步骤二 整合背景图和角色立绘

步骤 **01** 将"背景图.png"和"角色立绘.png"图片素材拖曳到界面中,在"图层"面板中将两个图层拖曳到所有图层的最下方,如图4-321所示。按【Ctrl+T】组合键自由变换两个图片的大小,效果如图4-322所示。

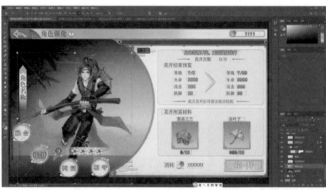

图4-321 拖入图片素材　　　　　　　图4-322 调整图片的大小和位置

步骤 **02** 新建一个名为"三角"的图层,使用"多边形套索工具"参考草稿创建选区,如图4-323所示。设置"前景色"为#e0cc85,按【Alt+Delete】组合键填充选区,效果如图4-324所示。

步骤 **03** 按【Ctrl+D】组合键取消选区,为图层添加"斜面与浮雕"图层样式,设置各项参数,如图4-325所示。

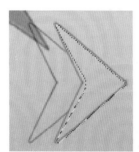

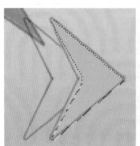

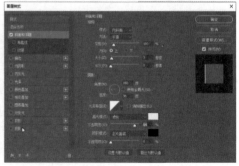

图4-323 创建选区　　　图4-324 填充选区　　　图4-325 设置"斜面与浮雕"样式的各项参数

步骤 04 选择左侧的"外发光"复选框,设置"外发光"样式的各项参数,如图4-326所示。单击"确定"按钮,效果如图4-327所示。

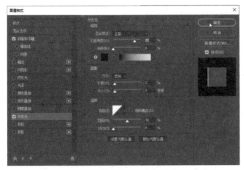
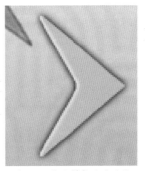

图4-326 设置"外发光"样式的各项参数　　　　图4-327 应用样式后的效果

提示:

　　取消选择"图层样式"对话框中的"使用全局光"复选框,在当前图层中设置的阴影样式将不会影响其他图层中的投影样式。

步骤 05 复制"三角"图层并移动到如图4-328所示的位置。新建一个名为"右侧三角"的图层组,将相关图层拖曳到新建的图层组中,"图层"面板如图4-329所示。

步骤 06 复制"右侧三角"图层组并水平翻转,移动到如图4-330所示的位置。修改图层组名称为"左侧三角","图层"面板如图4-331所示。

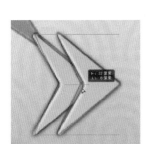

图4-328 复制"三角"图层　　图4-329 "图层"面板　　　图4-330 复制图层组　　　图4-331 "图层"面板

步骤 07 在"路径"面板中选择"路径2"工作路径,如图4-332所示。使用"直接选择工具"选中中间的两个路径,选择"排除重叠形状"路径操作模式,如图4-333所示。按【Ctrl+Enter】组合键将其转换为选区,如图4-334所示。

图4-332 选择"路径2"工作路径　图4-333 选择路径操作模式　　　图4-334 转换为选区

步骤 08 新建一个名为"浅金色圈"的图层，使用浅金色填充选区，效果如图4-335所示。使用"橡皮擦工具"擦除部分像素，效果如图4-336所示。

图4-335 填充选区效果　　　　　　图4-336 擦除部分像素

步骤 09 锁定图层的透明像素，吸取命令的金黄色，使用"画笔工具"绘制高光，效果如图4-337所示。将界面中的"外发光"图层样式复制到粘贴图层中，"图层"面板如图4-338所示。

图4-337 绘制金色高光　　　　　　图4-338 复制粘贴"外发光"图层样式

步骤 10 选中"路径 2"工作路径，使用"直接选择工具"选中最内和最外的两条路径，选择"排除重叠形状"路径操作模式并转换为选区，如图4-339所示。在"浅金色圈"图层下方新建一个名为"半透明白边"的图层，使用浅蓝色填充，效果如图4-340所示。

图4-339 将路径转换选区　　　　　　图4-340 新建图层并填充颜色

步骤 11 取消选区，使用"橡皮擦工具"擦拭填充，修改图层"不透明度"为45%，效果如图4-341所示。新建一个名为"环形圈"的图层组，将相关图层拖曳到新建的图层组中，"图层"面板如图4-342所示。

图4-341 半透明效果   图4-342 新建图层组

步骤12 为"环形圈"图层添加图层蒙版，设置"前景色"为黑色，使用半透明"橡皮擦工具"在蒙版中的环形的两端涂抹，效果如图4-343所示。

图4-343 制作渐隐效果

步骤13 完成的角色强化界面效果如图4-344所示。

图4-344 角色强化界面效果

4.3.5 【任务考核与评价】

本任务主要完成游戏强化界面的资源整合，为了帮助读者理解本任务所学内容，完成本任务的学习后，需要对读者的学习效果进行评价。

● 评价点

· 界面中的文字布局是否合理，样式是否统一。

· 界面中的图标摆放是否合理，风格是否统一。

· 界面中的文字颜色是否主次分明，是否符合行业规范。

· 界面中各部分的颜色是否协调。

· 界面中各组成部分是否整齐规范，风格一致。

● 评价表

评价表如表4-4所示。

表 4-4 评价表

任务名称	游戏强化界面资源整合	组别		教师评价	（签名）	专家评价	（签名）
类别	评 分 标 准						得分
知识	完全掌握游戏强化界面内容规范，游戏强化界面布局规范，以及游戏界面设计的要点，并能灵活运用			15~20			
	基本掌握游戏强化界面内容规范，游戏强化界面布局规范，以及游戏界面设计的要点			10~14			
	未能完全掌握游戏强化界面内容规范，游戏强化界面布局规范，以及游戏界面设计的要点			0~9			
技能	高度完成资源整合游戏强化界面，完整度高，设计制作精美，具有商业价值			40~50			
	基本完成资源整合游戏强化界面，完整度尚可，设计制作美观，符合大众审美			20~39			
	未能完成完整的资源整合游戏强化界面，设计制作不合理，作品仍需完善，需要加强练习			0~19			
素养	能够独立阅读，并准确画出学习重点，在团队合作过程中能主动发表自己的观点，能够虚心向他人学习并听取他人的意见及建议，工作结束后主动将工位整理干净			20~30			
	学习态度端正，在团队合作中能够配合其他成员共同完成学习任务，工作结束后能够将工位整理干净			10~19			
	不能够主动学习，学习态度不端正，不能完成既定任务			0~9			
总分				100			

4.3.6 【任务拓展】

完成本任务所学内容后，读者尝试设计如图4-345所示的游戏强化界面。绘制时注意文字排版布局的合理性及整个界面元素的协调性。

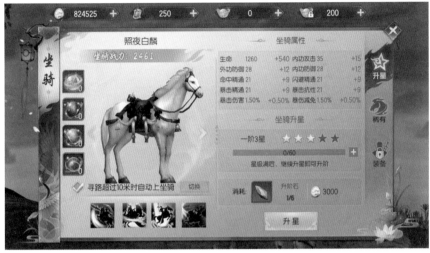

图4-345 游戏强化界面

4.4 项目总结

通过本项目的学习，读者完成了"设计制作游戏强化界面底框""设计制作游戏强化界面按钮"和"游戏强化界面资源整合"3个任务。通过完成该项目，读者应掌握设计游戏强化界面的原理、流程和方法，并能够熟练使用Photoshop完成游戏强化界面的绘制和输出。

4.5 巩固提升

完成本项目学习后，接下来通过几道课后测试，检验一下对"设计制作游戏强化界面"的学习效果，同时加深对所学知识的理解。

一、选择题

在下面的选项中，只有一个是正确答案，请将其选出来并填入括号内。

1. 喜欢利用公会和团队来强化自己在游戏中的世界存在感的玩家是（　）。

A. 杀手型玩家

B. 成就型玩家

C. 探索型玩家

D. 社交型玩家

2. 游戏界面中的任务系统能够增加游戏对（　）玩家的吸引力。

A. 杀手型

B. 成就型

C. 探索型

D. 社交型

3. 装备的等级通常由颜色组成，等级由低到高分别为白色、绿色、蓝色、紫色和（　）。

A. 红色

B. 橙色

C. 黄色

D. 金色

4. 物体的形象在光的照射下, 会产生( )变化。

A. 明暗

B. 形状

C. 位置

D. 价格

5. 下列选项中不属于游戏强化界面包含内容的是（ ）。

A. 强化对象展示

B. 强化前后对比

C. 强化选项

D. 强化过程

二、判断题

判断下列各项叙述是否正确, 对, 打"√"; 错, 打"×"。

1. 装备系统是为渴望变强的成就型玩家或杀手型玩家准备的。（ ）

2. 玩家可以通过收集装备、养宠物、使用增益道具来让自己变强。因此, 能让玩家变强的装备系统就显得不太重要了。（ ）

3. 卡片强化界面通常采用左右布局方式。左侧为人物立绘展示, 右侧为强化说明和强化参数对比。（ ）

4. 配色的"黄金比率"是指: 主色调占70%, 辅色占10%, 点缀色占20%。（ ）

5. 如果游戏界面风格是现代的, 那么整体的元素选取可以使用不同时代的元素, 突出界面的多样性。（ ）

三、创新题

使用本项目所学的内容, 读者充分发挥自己的想象力和创作力, 参考如图4-346所示的游戏强化界面, 设计制作一款"国风"风格的游戏强化界面, 注意合理布局界面的同时, 做好界面色彩搭配的工作。

图4-346 "国风"风格游戏强化界面